·本书获2022年度河南省高校人文社会科学研究一般项目（资助性计划）"黄河流域河南域段生态保护与高质量发展时空格局及驱动机制研究"（项目编号：2022-ZZJH-273）资助。

·本书获2022年度河南省软科学研究计划项目"黄河流域河南域段生态保护与高质量发展时空格局及影响因素研究"（项目编号：222400410415）资助。

·本书获河南财经政法大学华贸金融研究院2021年度一般项目"'三生空间'视角下黄河流域高质量协同发展时空格局及影响因素研究"资助。

董　倩◎著

流域生态保护
与高质量发展研究

Ecological Protection
and High-Quality Development of River Basins

U0310933

中国经济出版社
CHINA ECONOMIC PUBLISHING HOUSE
北　京

图书在版编目（CIP）数据

流域生态保护与高质量发展研究／董倩著 . －－北京：
中国经济出版社，2023.12
ISBN 978 – 7 – 5136 – 7116 – 3

Ⅰ.①流… Ⅱ.①董… Ⅲ.①西江－流域－生态环境
保护－研究 Ⅳ.①X321.22

中国版本图书馆 CIP 数据核字（2022）第 183111 号

责任编辑　张利影
责任印制　马小宾
封面设计　华　子

出版发行	中国经济出版社
印 刷 者	河北宝昌佳彩印刷有限公司
经 销 者	各地新华书店
开　　本	710mm×1000mm　1/16
印　　张	14.25
字　　数	210 千字
版　　次	2023 年 12 月第 1 版
印　　次	2023 年 12 月第 1 次
定　　价	86.00 元

广告经营许可证　京西工商广字第 8179 号

中国经济出版社 网址 www.economyph.com 社址 北京市东城区安定门外大街 58 号 邮编 100011
本版图书如存在印装质量问题，请与本社销售中心联系调换（联系电话：010 – 57512564）

改革开放以来，党中央、国务院高度重视生态环境保护与建设工作，采取了一系列战略举措，加大了生态环境保护与建设力度，一些地区的生态环境得到了有效保护和改善。2017年，党的十九大报告首次提出"高质量发展"，报告指出，我国的经济发展已由高速增长阶段转向高质量发展阶段。2021年，适逢"两个一百年"奋斗目标的历史交汇点，习近平总书记强调"高质量发展"的重大意义，强调要加快构建新发展格局，推动高质量发展。

为深入贯彻落实新发展理念，推动高质量发展，本书深入探讨西江流域和黄河流域生态保护与高质量发展间的关系。2014年，国家发展改革委就《珠江—西江经济带发展规划》指出：珠江—西江经济带连接我国东部发达地区与西部欠发达地区，是珠江三角洲地区转型发展的战略腹地，是西南地区重要的出海大通道，在全国区域协调发展和面向东盟开放合作中具有重要战略地位；要认真贯彻落实国务院批复精神，提高认识、紧密合作、开拓创新、扎实工作，努力把珠江—西江经济带建设成西南、中南开放发展战略支撑带、东西部合作发展示范区、流域生态文明建设试验区和"海上丝绸之路"桥头堡，为区域协调发展和流域生态文明建设提供示范。2016年，国务院发布的《关于深化泛珠三角区域合作的指导意见》指出：泛珠三角区域包括福建、江西、湖南、广东、广西、海南、四川、贵州、云南九省区（以下简称"内地九省区"）和香港、澳门特别行政区（以下简称"'9+2'各方"），拥有全国约1/5的土地面积、1/3的人口和1/3以上的经济总量，是我国经济最具活力和发展潜力的地区之一，在国家区域发展总体格局中具有重要地位。在"9+2"各方的共同努力下，泛珠三角区域合作领域逐步拓展，合作机制日益健全，合作水平不断提高。新形势下深化泛珠三角区域合作，有利于深入实施区域发展总体战略，统筹东中西协调联动发展，加快建立统一开放、竞争有序的市场体系；有利于更好地融入"一带一路"建设、长江经济带发展，提高全方位开放合作水平。从《关于深化泛珠三角区域合作的指导意见》中可以看出，研究流域区域发展模式具有非常重要的理论和现实意义。

2021年，中共中央、国务院印发的《黄河流域生态保护和高质量发展规划纲要》指出：保护好黄河流域生态环境，促进沿黄地区经济高质量发展，是协调黄河水沙关系、缓解水资源供需矛盾、保障黄河安澜的迫切需要；是践行绿水青山就是金山银山理念、防范和化解生态安全风险、建设美丽中国的现实需要；是强化全流域协同合作、缩小南北方发展差距、促进民生改善的战略需要；是解放思想观念、充分发挥市场机制作用、激发市场主体活力和创造力的内在需要；是大力保护传承弘扬黄河文化、彰显中华文明、增进民族团结、增强文化自信的时代需要。从《黄河流域生态保护和高质量发展规划纲要》中可以看出，推动黄河流域生态保护和高质量发展具有深远历史意义和重大战略意义。

随着人类社会的进步以及生产力的发展，流域经济在国民经济中的地位越来越重要。与此同时，目前关于流域经济的研究中大多集中于长江流域，对西江流域和黄河流域高质量发展的研究并不常见。除此之外，相关研究主要从流域的生态环境保护、经济发展、水资源利用等某一个问题入手，对流域整体研究较少，对流域经济综合发展模式及综合管理进行深入系统研究的更为少见。本书从生态保护和高质量发展这个新的视角提出问题、分析问题、解决问题，以西江流域和黄河流域的现状为基础，为其经济发展和环境保护提供有效参考。本书撰写时间较长，读者在阅读时不仅可以了解到西江流域和黄河流域十几年来的变化，也能够感受到流域经济在我国经济发展过程中的重要性。通过阅读本书，读者可以深入了解西江流域和黄河流域的生态环境发展现状，在此基础上，通过对国内外流域发展的经验进行借鉴，认识流域生态保护与经济高质量发展的重要性，从更高层面思考流域的发展前景。

本书以西江流域和黄河流域为研究对象，以生态保护与高质量发展为指导，以提高人民生活质量、实现流域生态保护与高质量发展为目标，对西江流域和黄河流域整体以及流经各域段的生态环境现状、经济发展现状、人民生活质量水平等进行分析，用博弈论知识辅以数量方法分析目前流域经济发展过程中存在的问题及原因，在此基础上总结国外发达国家的流域经济发展经验，从提高流域生态文明建设水平的角度，研究建立流域综合管理体系，探索流域经济从"生产型"转向"生活型"的高质量发展模式，走富有地域特色的高质量发展道路，以期促进流域经济、社会、生态的高质量发展。

流域生态保护与高质量发展是笔者思考和研究了多年的主题，在本书编写过程中，尽管秉承着科学严谨的态度力求准确性和实用性，但在成书之际，仍然有许多不尽如人意之处，书中也存在着许多不足和疏漏，恳请各位专家及读者批评指正。在编写过程中，本书参阅了许多学者的著作，在此一并致谢。

目录
Contents

第一章 导论

第一节 研究背景及意义

一、研究背景

水是人类和一切生物赖以生存与发展的物质基础，被视为人类文明的摇篮。从古至今，人类的生存和繁衍、经济的发展与繁荣，都与水源联系紧密。流域属于一个综合性的生态系统，其主要媒介是水，并包含气体、土壤等自然要素；流域是关联经济、社会和人口等因素，形成的一个涵盖自然、经济、社会的复杂系统。随着人类社会的进步以及生产力的发展，流域经济在国民经济中的地位越来越重要。流域具有社会属性，与人类的活动联系紧密，流域的自然资源为人类的生存和发展提供了物质基础与保障，对社会经济的发展和人民生活质量的提高都有着十分重要的作用。流域在经济学中属于"公共产品"，即其具有不可排他性和竞争性。如果制度不合理，那么公共产品在消费过程中不仅容易出现"拥挤效应"和"搭便车"现象，还容易导致流域资源的污染与破坏。同时，由于流域流经面积大，流经地域多，流域的整体性较强，人类的生活及经济活动对流域的水质量及生态环境易产生较大影响。流域上下游之间的关系紧密，如果在流域的上游出现水资源的污染、生态环境的破坏等行为，则对中下游水资源及生态环境的影响较大，进而影响整个流域的人民生活和社会发展。

西江流域是珠江水系的三大主要干流之一，跨越我国云南、贵州、广西、广东四省区，径流量占珠江的 71%，人均水资源占有量远远高于我国平均水平。西江流域中、上游的云南、贵州、广西地处我国西南地区，属于西部大开发战略实施区域。随着经济发展的需要，国家开始对西江流域的水资源及流域周边资源进行开发。但相较于我国其他流域，西江流域的开发力度不大、污染程度不高，水质总体较好。国家发展改革委于 2014 年 7 月对珠江—西江经济带的发展进行了规划，颁布了《珠江—西江经济带发展规划》，并进一步要求努力把珠江—西江经济带打造成中国西南、中南地区开放发展的新的增长极，这意味着西江经济带的发展正式上升为国家战略，珠江—西江流域生态保护和产业高质量发展全面启动。因此，探求合理有效的西江流域经济发展模式具有非常重要的理论和现实意义。

黄河发源于青藏高原巴颜喀拉山北麓，呈"几"字形流经青海、四川、甘肃、宁夏、内蒙古、山西、陕西、河南、山东 9 个省份，全长 5464 千米，是我国第二长河。黄河流域西接昆仑山脉、北抵阴山、南倚秦岭、东临渤海，横跨东、中、西部，是我国重要的生态安全屏障，也是人口活动和经济发展的重要区域，在国家发展大局和社会主义现代化建设全局中具有举足轻重的战略地位。党的十八大以来，习近平总书记多次实地考察黄河流域生态保护和经济社会发展情况，就三江源、祁连山、秦岭、贺兰山等重点区域生态保护建设作出重要指示批示。习近平总书记强调，黄河流域生态保护和高质量发展是重大国家战略，要共同抓好大保护，协同推进大治理，着力加强生态保护治理、保障黄河长治久安、促进全流域高质量发展、改善人民群众生活、保护传承弘扬黄河文化，让黄河成为造福人民的幸福河。因此，探求合理有效的黄河流域经济发展模式具有非常重要的理论和现实意义。

党的十九大报告指出，我国的经济发展已由高速增长阶段转向高质量发展阶段。经济的高质量发展包括环境资源的合理配置、收入的合理分配和经济结构优化等内容。发展模式的转型本质上就是发展观念的转变，其核心是对经济的运转特征进行转变，需要选择恰当的路径。2014 年国家发展改革委就《珠江—西江经济带发展规划》指出：珠江—西江经济带连接我国东部发达地区与西部欠发达地区，是珠江三角洲地区转型发展的战略腹地，是西南地区重要的出海大通道，在全国区域协调发展和面向东盟开放合作中具有重要战略地位；要认真贯彻落实国务院批复精神，提高认识、紧密合作、开拓创新、扎实工作，努力把珠江—西江经济带建设成为西南、中南开放发展战略支撑带、东西部合作发展示范区、流域生态文明建设试验区和"海上丝绸之路"桥头堡，为区域协调发展和流域生态文明建设提供示范。2016年国务院发布的《关于深化泛珠三角区域合作的指导意见》指出：泛珠三角区域包括福建、江西、湖南、广东、广西、海南、四川、贵州、云南九省区（以下简称"内地九省区"）和香港、澳门特别行政区（以下简称"'9+2'各方"），拥有全国约1/5的土地面积、1/3的人口和1/3以上的经济总量，是我国经济最具活力和发展潜力的地区之一，在国家区域发展总体格局中具有重要地位。在"9+2"各方的共同努力下，泛珠三角区域合作领域逐步拓展，合作机制日益健全，合作水平不断提高。新形势下，深化泛珠三角区域合作，有利于深入实施区域发展总体战略，统筹东中西协调联动发展，加快建立统一开放、竞争有序的市场体系；有利于更好地融入"一带一路"建设、长江经济带发展，提高全方位开放合作水平。从《关于深化泛珠三角区域合作的指导意见》中可以看出，研究西江流域区域发展模式是十分必要的。

2021年，中共中央、国务院印发的《黄河流域生态保护和高质量发展规划纲要》指出：推动黄河流域生态保护和高质量发展，具有深远历史意义和重大战略意义。保护好黄河流域生态环境，促进沿黄地区经济高质量发展，是协调黄河水沙关系、缓解水资源供需矛盾、保障黄河安澜的迫切需要；是践行绿水青山就是金山银山理念、防范和化解生态安全风险、建设美丽中国的现实需要；是强化全流域协同合作、缩小南北方发展差距、促进民生改善的战略需要；是解放思想观念、充分发挥市场机制作用、激发市场主体活力和创造力的内在需要；是大力保护传承弘扬黄河文化、彰显中华文明、增进民族团结、增强文化自信的时代需要。

总之，流域经济发展应该是将流域视为一个整体单元，对于流域水资源及其他自然资源的开发、生态环境的保护，应当考虑资源的可持续性，实现生态环境保护与经济高质量发展的"生活型"发展模式。因此，本书以西江流域和黄河流域为研究对象，以习近平总书记提出的"绿水青山就是金山银山"以及"从实际出发积极探索富有地域特色的高质量发展新路子"为指导，以实现流域生态保护与高质量发展为目标，对流域整体以及流经各域段生态环境现状、经济发展现状、人民生活质量水平等进行分析，用博弈论知识辅以数量方法分析目前流域经济发展存在的问题及原因，总结国内外发达国家的流域经济发展经验，强化提高生态文明建设，研究建立流域综合管理体系，探索流域经济从"生产型"转向"生活型"的高质量发展模式，促进流域经济、社会、生态的高质量发展。

二、研究意义

流域是地表水的集水区域，学者对流域的研究多将其视为水问题研究。从目前对流域经济的相关研究来看，大部分研究集中在流域水资源的开发与利用上，很少对流域生态保护与高质量发展进行深入的研究。同时，目前关于流域经济的研究中大多注重对长江流域的研究，对西江流域和黄河流域高质量发展的研究较少。

西江流域发源于云南，流域流经区域上下游经济发展水平不均衡。西江流域下游较发达的珠三角地区，为适应全球经济发展努力进行产业结构调整和优化升级；西江流域中游以及上游地区经济发展较为落后，如果为了当地经济发展，忽略生态保护，会对西江流域上游的生态环境造成破坏。而由于流域的整体性，上游资源的损失必将影响中下游，进而对整个流域的生态环境造成破坏，给整个流域带来巨大损失。

黄河发源于青藏高原巴颜喀拉山北麓，黄河流域上中下游不同地区的自然条件千差万别，生态建设重点各有不同，因此要提高政策和工程措施的针对性、有效性，分区、分类推进保护和治理；从各地实际出发，宜水则水、宜山则山、宜粮则粮、宜农则农、宜工则工、宜商则商，做强粮食和能源基地，因地施策促进特色产业发展，培育经济增长极，打造开放通道枢纽，带动全流域高质量发展。

高质量发展是新时代国家的重大发展战略之一，党的十九大以来，各地区各部门围绕着经济高质量发展的要求，在建立健全区域合作机制、区域互助机制、区际利益补偿机制等方面进行积极探索并取得一定成效。但同时也要看到，我国区域发展差距依然较大。从流域经济视角来看，流域流经区域发展不平衡、不充分问题比较突出，流域经济发展模式还需进一步探索，进而促进区域协调发展，实现流域整体高质量发展。为了解决区域间发展不平衡的问题，国家提出"一带一路"倡议，"泛珠三角经济带""粤港澳大湾区"等发展战略，以解决区域发展差距大等问题。因此，本书以"流域生态保护与高质量发展"为题，对流域经济发展模式进行研究，并从流域高质量发展指标体系构建、流域发展模式、流域上中下游流经区域的关系、生态环境保护与高质量发展的关系等方面分析目前流域发展过程中存在的问题及其原因，借鉴国内外成功经验，提出相关对策建议，为我国流域经济发展提供可行性建议。

流域存在的问题、发展的模式以及国内外的成果经验证明，以往的"生产型"发展方式的主要特点是高污染、低效率和高投入，这种模式已经不适应流域经济可持续发展的要求。目前，中国经济发展已经由高速增长阶段转向高质量发展阶段，在做好坚持以经济建设为中心，持续推进新型工业化、城镇化、农业现代化的同时，转变经济发展模式，及时有效地规划和管理流域经济，充分发挥流域资源的多功能优势，进而达到生态环境优美、人民生活质量提升、经济发展进步等目的，这是实现中华民族伟大复兴中国梦的现实选择。

第二节　国内外研究文献综述

一、国内研究文献综述

随着流域经济对国民经济以及人类生存、生活的影响日益深入，中国对流域经济的发展也越来越重视，流域经济作为区域经济的一个子系统对区域经济的重要性受到更多的关注。国内学术界对流域经济以及流域区域内的资源开发进行了很多的研究。20世纪80年代，国内学者开始对流域经济进行研究。梳理国内流域经济研究成果，能够更好地掌握流域经济研究的历史、现状等，从而有利于对国内流域经济发展进行更深入的研究。

目前，国内关于流域经济相关方面的研究主要包括以下六个方面。

（一）侧重于流域经济发展及产业布局状况的研究

国内对流域经济的研究重点主要为对长江流域等某一个流域进行研究，或者对流域的某一个域段进行研究，且大部分是从经济发展和产业布局的方面展开研究，其文献也大多是对多样性开发模式进行的探讨。张思平（1987）对流域经济问题的研究涵盖面比较广，不仅对流域水资源的开发与利用展开了研究，还对我国流域资源状况以及历史发展过程进行了分析，同时探讨了我国国民经济发展与流域资源间的关系以及流域经济规划等问题。张文合（1991，1992，1994）对流域资源的开发进行了系统的研究。罗繁明（1997）认为西江流域流经地区的旅游资源是非常丰富的，因此西江流域资源的开发和经济的发展需要根据其资源优势将开发旅游业作为切入点，并提出构建西江黄金线路。西江流域旅游资源开发研究课题组（2003）明确指出，要依托黄金水道，通过旅游业促进西江流域资源合理合法开发，打造西江流域旅游长廊。陈利丹（2003）指出，随着区域经济的不断发展，珠江三角洲的经济取得了巨大的成就，而实施产业梯度转移可以促使区域经济发展获得更大的空间和效益，这是发展的必然趋势。钟海英（2004）指出，建立西江流域经济走廊必须以西江流域上中下游的市场为导向，根据各域段的比较优势分工协作，合理规划各域段的主导产业，从而形成链式主导的产业群和流域经济增长轴。胡碧玉（2004）从宏观理论的角度对流域经济问题进行了系统的研究。她将流域经济包含的相关方面引入分析框架，如流域经济开发目标和模式、产业和城市布局、"三农"问题以及经济利益补偿机制等。除此之外，她还提出把梯度开发模式与"点—轴—面"开发模式相结合制定流域经济的增长链开发模式。

闭明雄（2007）主要对西江流域的产业发展进行研究，发现西江流域上、中、下游域段有一个共同特点，即第三产业发展滞后。西江流域跨越多个省区，自然风光优美且历史悠久，少数民族较多，具有独特的民俗风情。因此，可以利用这些有利条件大力发展旅游业，促进流域上游欠发达地区的发展，从而推动西江流域第三产业的发展，并对打造西江黄金水道以促进流域经济发展的决策予以肯定。王倩（2018）以陕西汉江流域为切入点，选用耦合发展模型研究生态环境与经济之间的耦合程度，并通过研究发现不同城市之间、生态环境与经济之间的耦合程度存在差异，并在此基础上分析得到对耦合程度影响较大的因素有三次产业占 GDP 的比重、人均公园绿地面积、单位工业增加值能耗、工业固体废弃物综合利用率、单位 GDP 能耗、进出口总额、全社会固定资产投资以及工业固体废弃物排放量等。郭凯（2017）提出农耕文明以河流两岸区域为主要依托，且其相辅相成、协调发展。但是工业化大生产后，农业生产陷入单纯追求数量的快速增长中，对其所依赖的流域生态环境产生破坏，以牺牲资源和环境为代价的农业经济发展方式将会日益威胁人类的生存与发展，农业生态与经济发展的协调模式将成为未来农业经济发展的趋势。陈建华（2021）分析了黄河流域宁夏回族自治区的经济产业结构以及资源利用效率，提出应以环境质量改善为重点，同时提高污染治理能力，强化生态安全。

（二）侧重于流域综合开发管理的研究

20 世纪 90 年代末，西江流域的开发利用问题被纳入国家科委重大软科学课题。该课题组对西江流域总体发展状况进行了研究，具体包括流域区内工农业、上中下游关系、流域内水资源开发与管理、交通经济走廊、洪涝灾害与加快农民脱贫致富等方面，并根据西江流域自身的特点对其开发提出建议，如内外辐射、依托优势资源、以市场为导向的综合发展等。此外，提出只有把西江流域作为一个整体进行综合开发才符合流域的完整性，才有利于各流域段的协调发展。西江流域问题被纳入国家重大软科学课题的几十年以来，虽然在社会、经济等方面取得了发展，但同时发展所导致的环境、资源问题也日益凸显。陈湘满（2002）认为，由于流域跨越多个行政区，因此在流域经济发展进程中存在流域上中下游之间不同利益主体对其他利益主体的影响及分配问题，他对如何在流域管理中协调上下游利益的矛盾以及如何分配利益进行了研究，提出解决流域内不同区域间矛盾的关键是建立有效的区域利益协调机制。陈修颖（2003）认为，流域是一个生态、经济、生产、社会以及文化紧密联系的系统，应当设立流域经济协作区。要实现社会、经济的可持续发展，重点要将流域这个复合系统看作经济发展的地域单元，促进不同时期以及区域间不同发展水平的域段能够加强联系，协调发展，从而发挥流域各域段的最大资源优势。王毅（2008）提出，对流域进行综合管理是中国实现流域经济可持续发展的必经之路，也是适应资源与环境问题频发以及复杂的社会经济状况下应该选择的道路。他认为，流域的综合开发管理需要把法律法规的完善、政策制度的制定、管理机构的管理以及利益相关参与方等纳入分析体系；他认为，目前世界各个国家在水问题发展的管理上对流域进行综合管理是一大趋势。这对我国流域发展具有重要借鉴作用。刘振胜和夏细禾（2009）认为，流域综合开发管理必须以流域为一个管理单元，需要把流域当作一个整体的复合系统，以综合发展为目标，在发展中，政府和企业及人民都需要参与进来，借助技术、经济以及行政等手段对流域进行综合管理，从而解决流域发展中存在的问题，使流域经济效益最大化。杜鹏和傅涛（2010）对国内外关于流域经济以及对流域进行综合开发与管理的相关概念、要素、内容和功能进行了分析与研究。杜敬民（2011）指出，由于西江流域的地理区位和流经地区有着丰富的资源储量，西江流域的水道运输非常重要，如大宗物资和集装箱的水上运输，非常有利于西江流域流经地区的产业发展，为上游、中游地区的运输业提供了较大的便利。张雅文（2018）对金沙江流域环境、经济、社会子系统间耦合协调发展研究的理论基础和现有研究成果进行了较为系统的梳理，之后构建了一套较完备的指标体系，对2001—2016年金沙江流域"环境—经济—社会"耦合协调情况进行评价分析，将其分为低速、中速、高速和交叉四种发展情景，预测2017—2050年金沙江流域"环境—经济—社会"的耦合协调度。李胜（2011）、潘峰（2014）认为在流域中各个域段利益不对称、流域整体缺乏激励机制、流域上下游地方政府存在矛盾，在这样的情况下，无法实现互利共赢的目标，陷入了环境保护的"囚徒困境"，因此需要制定相应的激励、制约等机制来促进区域间的团结协作。李宁等（2017）认为，流域流经区域地方政府间存在着博弈的关系，通过分析发现，在流域的综合开发管理中，如果上游地方政府选择"保护环境"、下游地方政府采取"补偿"这一最优策略，则无法完全依靠流域上游和下游的地方政府的自主选择实现最优策略。而如果流域机构（中央政府）对其进行干涉，制定相应的激励机制或约束制度，则能够有效促进上下游地方政府间的合作。徐雅捷（2017）认为要实现黄河流域水资源治理，需要转变水管理部门职能，建立统一的流域管理机构，完善流域管理法律体系，加强宣传，鼓励全社会成员加入流域综合治理中来。

（三）侧重于对水资源开发利用的研究

伍新木和李雪松（2002）研究认为，流域开发的重点应该是以水资源为主导的综合开发，其研究重点关注流域水资源的可持续发展。流域水资源的可持续发展，即为流域的可持续发展。然而，流域所具有的自然属性决定了其"公共物品"的特点，因此在发展过程中易表现出外部性。因此，伍新木和李雪松认为，若要实现流域经济的可持续发展，关键是要使流域发展的外部性内部化。徐中民和龙爱华（2004）重点关注水资源管理，人类在对水资源的管理上先后经历了供给、技术性节水和结构性节水这三个阶段，他指出目前水资源管理的发展是向社会化管理方向发展，也就是水资源综合管理。张晓涛（2012）通过基尼系数分析黄河流域经济发展与水资源利用之间的关系，发现水资源的利用与经济发展之间有着一定的联系，而生产要素与水资源之间没有显著关系。王猛飞等（2016）同样利用基尼系数分析，发现基尼系数逐渐减小，说明黄河流域水资源的分配逐渐趋于合理化。徐雅捷（2017）认为要实现黄河流域水资源治理，需要转变水管理部门职能，建立统一的流域管理机构，完善流域管理法律体系，动员全社会成员参与流域治理行动，从而协同各方力量进行共同治理。郭宏（2018）通过研究太子河流域主要城市的废水排放量与相关经济发展指标之间的相关关系发现：若污水排放问题得不到解决，会出现人口数量降低，随后出现 GDP "脱钩" 状态。通过拟合太子河三地市的人均地区生产总值和工业废水排放量、生活污水排放量发现模型拟合程度高，能够很好地解释水环境污染和人均地区生产总值之间的关系。赵雪君（2020）基于数据包络分析法对长江流域湖北段工业产业污水排放与提高绿色经济效率进行了分析，发现工业污水处理运行费与排污量及能源消耗关系显著，因此指出改革的重点在于如何更充分地发挥其综合效益。黄硕俏（2020）在分析水资源价值和水资源空间分布的基础上，分析了水资源在经济社会发展中的作用，明确了水资源经济价值的意义，为黄河流域水资源的合理分配和有效利用提供了理论依据。

（四）侧重于黄河流域生态保护与高质量发展的研究

刘贝贝等（2021）认为黄河流域生态文明建设要从黄河流域绿色科技创新着手，促进流域经济健康发展，保障流域水资源绿色安全，推动流域生态文明建设，其主要从科技创新基础、科技创新投资、绿色科技创新成果三个方面凸显了其建设的价值和意义。陈怡平等（2021）认为要保护黄河源区湿地生态系统，需要着重治理草原退化现象，解决土地盐碱化问题，针对黄河流域的不同区段，采取有针对性的治理手段，从而推动黄河流域高质量发展。李海生等（2021）认为复兴黄河文明的前提是建设生态文明，黄河文明的复兴是集经济建设、政治建设、生态建设、文化建设于一体的重大工程，要实现这一点，必须处理好人与自然的关系。陈建华（2021）分析了宁夏的经济产业结构以及资源利用效率，提出以环境质量改善为重中之重，提升污染治理能力，强化生态安全，同时着力于黄河流域上下游之间的协调发展。

张军扩等（2019）对黄河流域高质量发展进行了研究，他认为，构建高质量发展指标体系尤其重要，应该以社会主要矛盾为基础，从高效、公平、可持续三个维度构建高质量发展指标体系。任保平和张倩（2019）认为，黄河流域高质量发展，从战略思想上应该将大保护和大治理相结合，协同推进黄河流域高质量发展，构建黄河流域高质量发展支撑体系，并提出以分类、协同、绿色、创新、开放五个发展维度为出发点，推动黄河流域高质量发展。徐辉等（2020）认为，黄河流域的发展应在生态环境保护的基础上，实现黄河流域的高质量发展。黄河流域的生态环境保护和高质量发展既涵盖了经济社会的发展，同时也要关注黄河流域的生态环境的保护，只有兼顾两者，才能实现生态和经济社会发展的协调及统一。韩君等（2021）在对黄河流域高质量发展的研究中主要关注黄河流域生态安全和脱贫问题，在黄河流域生态安全的问题上，他认为存在生态环境建设、水土治理、水资源集约利用的问题。

（五）侧重于流域绿色发展的研究

传统经济学的研究对象是"理性经济人"，每一位"理性经济人"都是"自私"的，都追求自己的利益最大化。个人在生产和生活中的"自私"，却使整个社会"无私"，从而使社会资源得到最合理的分配。然而，在人与自然的冲突日益激烈的今天，传统的经济学在处理人与环境的关系上显得越来越无力。20世纪六七十年代，随着《寂静的春天》《增长的极限》等著作的问世，人们逐渐意识到环境污染所带来的严重危害，以及资源的消耗、环境的恶化都将制约着经济的发展。在此背景下，"绿色经济"的概念应运而生。随着人类社会的不断发展，绿色经济的内涵也在逐步扩大，其发展过程大致可分为三个时期。第一个时期是"环境效益"时期。英国环保经济学家戴维·威廉·皮尔斯在《绿色经济的蓝图》中首次提出"绿色经济"，他认为"绿色经济是保护自然、美化环境、以环境为基础的发展"。当时，人们对"绿色经济"的认识还不够深入，只把它看成是一种被动的保护生态环境的手段。第二个时期是"环境—经济效益"时期。2008年联合国环境规划署在《绿色工作：在低碳、可持续的世界中实现体面工作》中第一次提出了"绿色经济"的概念，即"注重人与自然，创造高收入的就业机会。"① 这一时期的"绿色经济"与前一时期相比，其重点是整个经济体系的转变，并寻求经济发展与生态环境的均衡与和谐。第三

---

① 陈翰.黄河流域内蒙古段绿色经济效率测度及提升研究［D］.呼和浩特：内蒙古师范大学，2021.

个时期是"环境效益＋经济效益＋社会效益"时期。2012 年联合国环境规划署提出了一个流行的"绿色经济"概念：一种经济模型，其目的是提高人们的福利，让最广泛的人口全面享受经济发展的成果，同时也可以极大地减少人类活动对环境的不利影响。在这一时期，将社会福利作为发展绿色经济的主要目标之一，更注重经济发展、保护环境和社会公平三者的协调和均衡。

中国古代有许多关于人与自然和谐共存的哲理。荀子认为，"万物各得其和以生，各得其养以成"。《吕氏春秋·卷十四·义赏》："竭泽而渔，岂不获得，而明年无鱼；焚薮而田，岂不获得，而明年无兽。""天人合一""万物并育"等观念，都说明人对自然的索取要有限度，过分地索取，最后反而会损害到自己。

本书认为，绿色经济是一种与可持续发展相对应的经济形态，是一种超越可持续发展的经济形态。前者由刘思华、刘国光等学者提出，他们更加注重研究可持续发展与绿色经济之间的共同点。有的学者则把绿色经济看作是可持续发展的一种方式。例如，刘国光（1991）提出，绿色经济实质上是可持续发展，两者都旨在使生态和经济发展达到相容和和谐。刘思华（2004）认为，"绿色经济"是"可持续"的象征，是"可持续"的具体表现。后者由胡鞍钢、张叶等学者提出，他们强调了"绿色经济"和"可持续发展"的区别，并指出"绿色经济"是基于可持续发展理念而获得的。胡鞍钢（2012）认为，"绿色经济"是一种以市场为导向，以传统工业经济为基础，以生态环境和经济发展相适应和协调为目标的新型经济形态。

王玲玲等（2012）提出了一种可持续发展的新模式，并将其纳入到对资源承载能力和生态环境承载能力的约束之中。张叶（2002）认为，"绿色经济"是指在不破坏环境、不伤害人类健康的前提下，实现生产、流通、分配、消费的全过程。朱大建（2012）认为，资源节约和环境保护是绿色发展的重要方式。谷树忠（2020）认为，绿色发展的根本目的在于从"工业文明"到"生态文明"，强调整个系统的协调。

在绿色发展与可持续发展之间关系的研究中，不同学者持不同意见。

田欣（2019）强调绿色发展理念与可持续发展理念的相关性，例如，能够从不同角度找到可持续发展理念与绿色发展理念相契合的观点。任平（2019）认为绿色发展与可持续发展的理念相同，强调"绿色"和"发展"共生，不仅强调资源节约与环境再生，还考虑到经济社会的福利水平的提升，以"可持续"为基础，强调"可发展"。可持续发展是对传统的发展方式的一种调整，而绿色经济是一种根本性的转变。

还有学者以某一产业为出发点研究绿色发展，Chen 等（2020）从整个产业的角度来研究绿色发展，认为产业绿色发展是从产业层面对绿色发展战略的响应，通过抑制高耗能产业的发展，促进绿色产业和高科技产业的发展，减少污染排放，构建资源消耗少、经济收益高、注重生态环保的产业生产方式，实现经济发展与生态保护协调发展。孙炜琳（2019）、侯孟阳和姚顺波（2018）、张利国（2019）从农业的角度研究了绿色发展，其分别研究了农业绿色发展的内涵界定、农业生态效率测算以及可持续发展指标构建。还有学者研究了工业产业与绿色发展的关系，杨莉等（2019）、陈诗一（2010）、于连超等（2019）认为绿色发展的重中之重就是工业的绿色转型，并以绿色工业革命理念为指导，建立评价指标体系，对影响工业绿色发展的因素进行分析。邹统钎（2005）、路小静等（2019）从旅游业的角度研究绿色发展，杨树旺（2018）对高新技术产业的绿色发展水平进行了探讨。

（六）侧重于其他流域经济问题的研究

目前，我国的流域管理是一种以行政区为分割的管理模式，这种管理模式会导致流域之间产生利益摩擦。陈秋华（2011）认为，广西北部湾经济区的建设是一个值得关注的问题，并提出西江经济带和桂西资源富集区战略，必须在发展经济的同时保护流域环境。丁宁（2011）在流域经济的基础上，运用了空间洛伦茨曲线、泰尔指数、区位熵、基尼系数多种测量方法，研究西江流域不同梯度之间经济差距的变化趋势，最后从主流经济学角度和非主流经济学角度提出相关发展策略，期望能缩小西江流域不同梯度之间的经济差距，实现西江流域的协调发展。罗岚心（2017）通过构建西江流域相关评价指标，对珠江流域 1960—2014 年的环境干湿变化规律进行研究，发现珠江流域的干旱演变特征为：1960—1970 年是珠江流域的第一个干旱期，1988—1995 年是珠江流域的第二个干旱期，2005—2014 年是珠江流域的第三个干旱期，全流域的降水频率都呈现降低且干旱化趋势明显。因此，珠江流域的发展可以从降低干旱灾害影响和预防干旱灾害发生的角度考虑。约日古丽卡斯木（2019）使用 GIS 空间技术，构建耦合协调模型，对艾比湖流域 1990 年、2000 年、2006 年和 2016 年的遥感影像数据进行研究。同时使用 GIS 冷热点分析法，对艾比湖流域经济—生态系统耦合协调的驱动因素进行回归建模，分析影响艾比湖流域经济—生态系统耦合协调的时空分布规律，探索经济—生态系统的关系，并对艾比湖流域的经济发展提出相应的对策建议。蒲焱平（2019）认为，区域内的土地使用变动对社会、经济的协调发展具有重要的作用，区域可持续发展取决于土地利用和经济的协调发展。他对 2010 年、2014 年、2017 年汉江流域中游以及下游三期遥感影像进行研究，通过地形图数据，对汉江流域中下游进行遥感影像解释，分析不同区域的土地利用结构，结合 GIS 方法，发现不同的土地利用类型会随着不同时间段的变化而变化。

二、国外研究文献综述

美国的流域经济发展在世界上来说是比较成功的，20 世纪 30 年代，美国采取了一系列措施促进落后流域的经济发展，包括对流域进行划界、实施工程技术措施等。美国在其流域发展中根据其流域自身特点进行开发利用，为世界各国流域经济的发展树立了一个成功的典范，同时也被世界各国所借鉴。美国在对流域经济发展的管理上颁布了《田纳西流域管理局法》，并且建立了田纳西流域管理局管理机构，对田纳西流域进行综合的管理和规划，突破了单目标的流域发展模式，而这种多目标的综合发展模式被世界上很多国家认同并且效仿，并取得一定的成绩，如日本和印度等国家。2000 年，欧盟颁布了《水资源管理框架指导方针》，规定其成员国必须统一管理本国的流域。经过多年的发展和完善，欧盟国家已经建立了自己独特的流域治理体系。

随着经济和社会的不断发展，以及全球变暖、水资源短缺、污染等问题的不断涌现，水资源的利用问题也逐渐引起了全世界的重视。流域经济的发展和生态环境的保护受到了越来越多的关注。研究者根据不同地区的特点，总结和探索了不同地区的发展模式，并在此基础上逐步改进和完善，形成了单一目标型以及综合型的发展模式。

目前，国外关于流域相关方面的研究总结起来包括以下三个方面。

（一）侧重于对水资源开发利用的研究

布朗·艾特尔在 1986 年就指出，可持续发展其中包括全流域和全水系的可持续发展，流域可持续发展的重点就是要对流域水资源合理地开发利用，既能满足当代人的发展，又能满足后代人的发展，使流域资源可持续。人类在发展过程中要尊重自然，顺应自然发展规律，针对流域地区发展的差异，结合当地实际，进行规划和开发，这样才能实现流域经济快速并且协调地发展。玛·法德尔、玛·泽那提、迪·贾马利（2001）以黎巴嫩为例对水资源管理问题进行了研究，指出解决水资源供求失衡的问题需要在法律和规章制度框架下，制定制度发展管理战略。

（二）侧重于农业发展给流域发展带来的影响的研究

凯瑟琳·鲍默（2011）以澳大利亚的农业发展为例，认为澳大利亚在保护水资源方面做出了巨大的贡献，从而使澳大利亚农业能够以一种健康的方式发展。环境保护所带来的效益以及建立生态服务系统对于整个流域来说，尤其对其下游地区具有重要影响。他提倡要加强地方政府流域的综合管理，包括重新整合土地资源以及治理河道等，因为这两者都属于农作物生长的基本条件。

（三）侧重于流域综合管理的研究

霍珀（2005）对流域综合管理进行了研究，他指出，流域综合治理需要从自然、生态、社会、经济等方面进行综合考虑，实现服务人类并且保护生态环境的目的。同时，刘易斯·约翰逊（2007）也提出综合管理流域水资源，在对流域的开发中不能只看到水资源带来的丰厚的经济效益，更要从一个综合的角度出发，对流域水资源进行综合的开发利用。此外，也有一些学者从流域区域经济发展不平衡的角度出发，对流域经济发展进行深入的研究。罗博阿尔门·玛、坎达斯·杰等（2017）分析了澳大利亚部分流域的经济发展状况后发现，这些流域内人口的迁移状况、农业生产模式以及就业情况对经济发展有较大影响。弗兰特·日（2018）对康涅狄格河流域工业经济的兴起和消亡进行分析后发现，粗放式的经济增长发展模式不利于流域生态环境健康发展，促进区域生态环境健康发展的重要措施是加快产业结构的转型升级。

三、对国内外研究的评价

本节对国内外有关流域问题的研究成果进行了综述，可以看出，国内学者大多从水资源的开发利用、流域经济发展及产业布局状况和流域综合开发管理等角度进行研究，并且取得了一定的成就，但目前大多数学者的关注点主要集中在水资源的开发和利用上。水资源是我国重要的自然资源，但由于流域跨区域的自然属性以及整体性，这些研究缺乏对流域整个系统综合要素的分析。而对于流域经济发展和产业布局的研究也很少考虑到生态的整体观。虽然有些研究是针对流域的综合开发管理，但由于数据统计时间较短，收集难度大，对流域的研究还有待深化。

对于流域综合发展的研究虽有提及，但研究不够深入。在流域管理方面，围绕流域高质量发展展开的研究很少，即便有也只是提及生态保护，少有研究是以马克思"生活的生产"理论为指导，以科学发展观为依据，以转变发展观念作为生产力的。此外，在对流域发展模式的探索上，面对当下流域发展中存在的问题，有些研究从法律法规、政策以及产业规划等方面去寻找解决的途径，而从政治体制改革方面进行探索的少之又少。因此本书试图以实现流域生态保护与经济高质量发展为目标，从提升人民的生活质量和实现全体人民共同富裕的角度出发，将马克思"生活的生产"理论引入流域经济发展中，对流域生态保护与高质量发展模式做一些新的探索。

与国内有关流域经济的研究相比，国外学者更多地关注于流域开发、经营以及农业发展对流域发展的影响。从很多国外的研究文献来看，国外流域经济的发展大多数走的是"先污染、后治理"的道路。可是当流域资源也就是自然资源被破坏以后，对这种破坏的治理成本非常大且需要一个长期的治理过程，巨额的治理费用使这种"先污染、后治理"的发展过程成本过高，因小失大。因此，对发达国家和我国长江流域的生态保护与经济发展经验进行归纳总结，为我国流域生态保护与高质量发展提供参考和借鉴。例如，墨累—达令流域、长江流域的开发实践，体现了流域一体化发展的共性。

第三节 研究方法与研究内容

一、研究方法

对流域生态保护与高质量发展的研究，本书以马克思主义政治经济学的观点为指导，从高质量发展的核心内涵"人民生活高质量"角度出发，对西江流域和黄河流域地区的生态保护与高质量发展进行了深入的探讨和分析。本书采用的研究方法有以下几种。

一是实证研究。本书在对西江流域和黄河流域的经济发展、生态环境保护和社会生活质量之间的关系进行研究时采用了实证研究方法，通过收集整理西江流域和黄河流域的相关数据，采用面板数据和时间序列的数据两种方式进行分析，通过 Stata、Spss 等计量软件对整理的数据进行回归分析和耦合协调分析。

二是定性分析。本书采用了定性分析法，通过理论分析，明确流域生态保护与高质量发展的内在逻辑，从博弈论的角度分析流域上中下游的关系。

三是定量分析。本书在定性分析的基础上采用定量的分析方法，对西江流域和黄河流域的流经省、市的相关数据进行收集和分析，并通过 Stata、Spss 等计量软件对整理的数据进行回归分析和耦合协调分析。

二、研究内容

第一章是导论。开篇对选题背景以及研究意义进行介绍，对国内外流域的研究现状进行总结和评价，并在此基础上介绍本书采用的研究方法、主要内容、可能存在的创新点及不足。

第二章是流域经济发展的相关理论。作为本书理论基础部分，本书详细地阐述了流域的相关理论，是本书研究的基石，同时也为其他章节奠定了理论基础。依据马克思政治经济学中"生活的生产"理论提出流域发展应以人的生活为生产目的，提高人民生活质量及幸福指数，注重生态保护的同时发展经济，走流域生态保护与高质量发展的"生活型"发展模式。另外，本书构建了流域经济"生活型"生态保护与高质量发展指标评价体系，从经济发展、生态环境保护和社会生活质量三个维度对流域生态保护与高质量发展问题进行分析。本章理论梳理和理性评析是本书研究的逻辑起点。

第三章是西江流域生态保护与高质量发展现状、实证分析及问题。首先，从西江流域经济发展、生态环境保护和社会生活质量现状三个方面进行详细分析。其次，对西江流域经济发展与环境保护进行实证分析。采用Stata、Spss 计量软件面板数据的回归方法，从地域与时间两个角度进行分析。对经济数据回归分析得到劳动力投入对经济边际贡献大于资本投入；对环境数据分析得到西江流域上下游地区发展状况存在显著差异；采用面板数据对上下游分别作固定效应分析，结果显示环境保护与经济发展之间确实存在倒"U"形关系。经济发展初期，环境与经济之间是相互制约的关系，当经济发展到一定阶段，环境与经济发展之间是相互促进的关系；并对西江流域下游进行了时间序列分析，得到与分流域回归类似的结果。然而，本书对西江流域上游数据进行时间序列分析时，发现上游仍处于倒"U"形的左侧，与其让西江流域上游地区走"先污染、后治理"的传统发展模式道路，不如走生态保护与高质量发展并行的"生活型"发展模式道路，既能保护生态，又能发展经济，发挥其资源优势。最后，探索西江流域经济发展中存在的问题。一方面是转变传统的发展模式，调整产业结构；另一方面是制度因素导致市场失灵和政府失灵。

第四章是黄河流域生态保护与高质量发展现状、实证分析及问题。首先，对黄河流域经济发展、生态环境保护和社会生活质量现状三个方面进行详细分析。其次，从经济发展、生态环境保护和社会生活质量三个维度构建黄河流域生态保护与高质量发展的指标体系，采用熵权法和耦合协调法来分析黄河流域生态保护与高质量发展情况，并通过两两耦合的办法找出黄河流域生态保护与高质量发展存在的问题。一是水资源供需问题严重，黄河流域水资源禀赋差异制约着黄河流域发展；二是黄河流域产业结构不合理带来的环境污染问题影响着流域生态保护与高质量发展；三是黄河流域区域发展不平衡，联动能力较差，高质量发展水平有待进一步提高；四是文化旅游业开发不足等问题都严重制约着黄河流域生态保护与高质量发展水平。

第五章是政府间水环境保护的博弈。运用博弈论的知识，辅以数理模型，进一步分析目前流域水环境问题形成的内在原因。对此，本章分别分析了单期与多期、静态与动态情况下中央政府与流域地方政府利益博弈和流域地方政府之间的利益博弈情况。研究结论是需要构建生态补偿机制，并且需要一个仲裁机构的存在，可以缓和流域各地方政府之间的利益矛盾，有效地防止"公地悲剧"的发生，从而保证生态补偿机制的正常运转。此外，在地方政府之间的博弈中发现如果地方利益集团数量越多，那么惩罚机制就会越严格，而基于流域多民族杂居的复杂情况，需要强有力的仲裁机构实行更加严格的监管和惩罚机制，才能有效减缓利益集团之间的矛盾。

第六章是国内外流域经济发展的经验及启示。通过举证分析澳大利亚墨累—达令流域经济发展成功案例，对国外的流域经济发展模式进行总结并提出给我们带来的启示。通过分析长江流域的发展模式以及成功之处，为我国流域生态保护与高质量发展提供参考。

第七章是流域生态保护与高质量发展路径。首先，强化流域生态保护与治理，推进生态节点建设，全面建设节水型社会，建立健全防洪防涝工程系统，推进环境污染综合治理。其次，调整产业结构，加快发展现代产业体系，深化供给侧结构性改革，大力发展文旅产业。再次，坚持创新驱动发展战略。建立健全综合性国家科研中心，打造改革开放新高地，建设新旧动能转换起步区，加强流域水资源技术创新建设，加快绿色会计制度的完善等。

第八章是结论与展望。本书首先对西江流域和黄河流域的经济发展现状、生态保护现状和社会生活质量现状进行了分析，提出其在发展过程中所存在的问题及原因。其次，运用博弈论的知识，辅以数理模型进一步分析目前流域水环境问题形成的内在原因。最后，总结国内外流域经济发展中的经验，对我国流域生态保护与高质量发展提出可实施的战略措施。

第四节　主要创新点及不足

一、可能存在的创新点

本书以党的十九大提出的高质量发展为指导，以实现"绿水青山就是金山银山"与"积极探索富有地域特色的高质量发展新路子"为目标，强化提高流域生态文明建设，探索流域生态保护与高质量发展模式，促进流域经济、社会、生态协调发展。相较于类似研究，本书可能存在的创新点如下：

第一，研究视角创新。本书对流域生态保护与高质量发展的研究突破了以往研究局限于水资源或经济发展等某一个角度的研究范畴，将流域视为一个整体，把水资源、城市布局、各区段的发展定位、可持续发展等问题纳入到系统的研究中，克服了以往对流域经济发展目标、模式、产业布局、高质量发展、综合管理等问题研究较少的不足。

第二，研究观点创新。本书探索流域生态保护与高质量发展模式，从单目标或少目标向多目标综合发展转化，将马克思"生活的生产"观点引入流域经济发展，提出流域生态保护与高质量发展的路径。

第三，研究方法创新。本书通过构建流域生态保护与高质量发展指标评价体系，从经济发展、生态环境保护和社会生活质量三个维度对流域经济高质量协调发展状况进行具体分析和探讨，对流域政府间对污染与保护行为采用博弈论辅以数理模型的分析方法，讨论流域水环境问题形成的内在原因，弥补了以往对流域数据分析较少的不足。

二、不足之处

西江流域横跨 5 个省区，黄河流域横跨 9 个省份，范围较为广泛，本书仅对西江流域内陆地区的前四个省区进行了分析和探讨，对黄河流域从省级数据上进行分析。由于西江流域是在 2014 年初被提高到国家战略地位，而黄河流域是在 2019 年成为国家战略，前人对西江流域和黄河流域的研究参考文献较少，加之数据获取的局限性，本书在对西江地区发展现状分析时对它所流经的 28 个城市和若干重要的流域进行了资料收集和分析。在对西江流域生态保护与高质量发展的实证分析过程中，对于数据缺失较多的指标在回归分析时进行删除，而对仅有个别数据缺失的指标，采用平均值代替的办法来继续进行回归。除此之外，本书对于部分仅需要定量分析的指标，在保证数据原始的前提下，对个别指标进行归一化处理；在对黄河流域生态保护与高质量发展情况进行分析时，由于数据的不可获得性，本书选择黄河流域流经的省级数据进行耦合协调分析，并未选择地市级数据进行详细分析。

第二章　流域经济发展的相关理论

第一节　流域经济概述

一、生态经济学理论

（一）生态经济学理论的内容

20世纪六七十年代，美国学者首次提出"生态经济学"。20世纪90年代，中国经济学家将这一概念引入国内，并指出生态经济学是生态学和经济学这两门学科的有机结合体，从而产生了生态经济学理论。随着可持续发展思想的涌现，这一理论成为可持续发展理论的基础理论之一。生态经济学理论是在发展经济的基础上保护生态环境，该理论强调了经济和生态的共同发展，力争各系统要素之间协调发展，共同进步，同时，也为经济的健康发展和生态环境的绿色发展提供了可靠的理论依据。生态经济学理论主要包括以下三个方面的内容。

1. 把生态建设和经济发展之间的关系作为研究基础

以往在研究生态建设和经济发展时，分别把生态学和经济学当作独立的两个问题来研究，这种方法虽然能够更准确地反映出两个系统的发展情况，但是实际上两者之间存在着联系。因此在对经济与生态的关系进行研究时，要充分考虑生态系统和经济系统之间的关联，而这也符合生态经济学的基本原理。在这一理论中，不仅将两大系统联系起来，同时其中的细小分支也有着千丝万缕的联系，这样才能避免出现"先污染、后治理"的发展局面。

2. 注重经济与生态的协调发展

在实际应用的过程中，生态经济学理论以生态—经济体系为主体，注重两个体系的协同发展，不仅摒弃了以往单一体系的发展模式，而且在特定的政策下能实现协调发展，从而对社会经济的发展起到重要的推动作用。通过分析我国生态经济发展中的问题，并以其长期的发展为目标，为流域的健康、绿色、有序发展提供参考，进而促进整个流域的发展，最终实现循环经济与高质量发展的双赢。生态经济理论的研究目的在于为流域经济的长期发展提供科学的理论依据，为流域的高质量发展奠定坚实基础。

3. 把经济—社会—环境的协调发展作为总体目标

在强调生态系统和经济系统共同发展的同时，也要着眼于社会的长远发展，把生态建设、经济发展和社会生活质量的提升看作一个有机整体，在研究生态系统和经济系统之间的关系的同时，也要将社会、经济的长远利益和整体利益联系起来进行综合研究，从而实现经济—社会—环境的协调发展。

（二）生态经济学理论的基本原则

1. 生态利益优先原则

在对区域资源进行开发利用的过程中，会同时产生生态利益和经济利益，两者之间不是相互独立的，而是存在着一定的联系。通常情况下，生态经济学理论遵循生态利益优先的原则，这就要求将生态环境的保护作为区域经济发展的大前提，不能走西方国家"先发展、后治理"的老路。此外，在发展区域经济时，生态建设能够产生生态效益，而生态效益又能够为环保产业带来经济利益，因此，两者之间是可以相互转化的。

2. 生态资源差别化利用原则

在对区域资源进行开发利用的过程中，要对生态资源差别化利用，对于可循环利用的资源，要实行永续利用的原则，这也是生态经济学最基本的原则。农、牧、渔等短期内可再生的资源要高效利用，保持其总量处于可再生的动态平衡中，这样就能做到永续利用。而对于风能、太阳能、水、土地等自然资源，尽可能地提高利用率。例如，土地资源如果利用恰当，可永续利用；如果利用不当，或遭到人为破坏，就会引起土地资源退化，生产能力下降。对于石油、矿石等不可再生资源，要实行节约和循环使用的原则。

3. 复合系统结构最优化原则

生态系统与经济系统都是由系统中的一些基础要素组成，而这些基础要素又相互联系且具有某些特定的功能，从而形成一个完整的系统。在不同的系统中，每个要素具有不同的作用，而这些要素的作用反过来也会影响整个系统，所以系统之间的组织与各要素之间的作用是对立统一的。生态经济体系的形成取决于生态系统的结构和经济系统的结构，因此，一个合理的生态—经济结构能够使系统内的生态系统为经济系统提供合理的资源分配，并能为生态系统提供合理的经济物质，从而达到两者的最佳组合①。

（三）生态经济学理论的主要特征

1. 内在联系互动性

生态经济是一个综合性的问题，它是从生态学角度来分析生态危机对经济发展的影响。生态系统的整体和复杂性，既强调了生态系统中事物联系的多样性，又强调了人是生态系统的一员，它对自然界的依赖性也是多种多样的，而人类社会的生存取决于整个生态系统中的生物多样性的均衡与自我调控。因此，我们应运用正确的生态学观点，掌握生态系统的内在调控模式，充分发挥各种因素的联系性、互动共生性以及生态效果来实现生态系统的均衡。

2. 区域差异性

经济发展与各种自然资源、生态条件密切相关，资源禀赋与生态环境

---

① 黄蕾. 陕西渭河流域经济与生态建设协调度测度研究［D］. 西安:西安理工大学,2017.

的异质性决定了其经济发展与生态经济的特殊性。这就需要各国乃至每个地区根据实际情况，对经济发展与生态保护的关系进行研究，并根据国情进行分析。

3. 长期策略

生态经济学不仅着眼于短期经济效益，又注重长远生态效益、资源配置和生态环境的代际公平，其研究的生态保护、资源节约、污染治理等都是具有长远战略意义的问题，最终关注的是人类社会的可持续发展。

二、协调发展理论

协调发展并不是简单地把协调和发展进行加总，它不仅强调系统内各要素之间的协调，而且能实现从无序到有序的转变。因此，协调发展是指在整个体系中各要素通过内部协作，使整个体系向着更好的方向发展。

（一）协调发展的内涵

本书在借鉴国内外学者研究成果的基础上，再结合流域自身的特征，将协调发展定义为：生态系统和经济系统之间相互促进，系统内的各要素互相制约，使流域的发展方向由简单、无序转向健康、绿色和有序，从而实现系统总效率最大化的原则。对于协调发展的定义可以从以下三个方面理解：首先是整体性，协调发展是生态系统和经济系统共同发展的总目标，不能摒弃两者中的任何一个而发展另一个；其次是互动性，流域内的各个系统之间以及系统内各个要素之间应该相互促进和制约；最后是多元化发展，协调发展是各要素之间协同合作的成果，在发展的过程中，应根据自身的特点，发展其具有比较优势的产业。

（二）协调发展的本质特征

协调发展的本质是指各系统之间相互促进、相互制约，向着健康、有序的正方向不断发展的一个动态过程。协调发展的目的是使生态系统和经济系统中的各要素通过相互之间的影响和作用实现一种协同合作的发展模式，从而处于一种动态平衡中，这个过程与空间系统和各要素的动态性紧密相连。协调发展理论把社会的生态发展作为首要任务，该理论注重

"人"的作用，强调了"人"的重要性，旨在通过系统的协调发展来促进人的全面发展。在系统的发展过程中，充分发挥人的主观能动性，促进生态建设和经济发展协调共进，从而实现整个社会的全面进步。

综上所述，协调发展理论是处于动静结合的一种状态，我们要从动态和静态两个方面来理解该理论。从动态角度来看，协调发展具有时空性，系统在不同的时间和空间上的发展过程是完全不同的，但共同点都是向着正方向发展。从静态角度来看，为了实现协调发展和社会的全面进步，各系统之间相互影响，从而实现各要素之间协调一致。对于流域来说，流域经济和生态建设的协调发展就是流域整体发展的最终目标。

三、流域经济的概念界定

对流域经济的研究，我们应当在充分认识到流域经济自身的内涵和特殊性的基础上进行。从本质上来讲，流域经济是区域经济的一个分支。作为一个特殊的学科领域，流域经济在经济发展中具有重要的作用。具体来讲，流域经济是以流域自然地理环境为基础的区域经济，是中国宏观经济体系的一个子系统，是以流域的人力、物力、财力为核心的亚区域经济体系。本书针对流域生态保护与高质量发展的研究，旨在提高人们生活质量、水资源的开发利用，以流域内其他资源为研究范围，来探讨流域经济系统的各个方面（其中包括流域内的自然资源、生态系统和社会经济）。流域经济的运行规律有如下四个特点：

第一，水资源是流域经济的基础，以河流为纽带。在流域经济中，产业都是依水而建，河流就自然成为产业的中心枢纽。各个产业链通过河流这一交通枢纽环环相扣，因此，流域经济在行政区域经济中的地位已经显而易见。由于流域的地理因素，流域范围内的各个产业进行相互的协助和分工，从而形成产业链，促进流域经济的发展。由于河流本身的独特功能，沿河形成的这些产业既有有形的关联，也有无形的联系，将流域内的城市和农村有机地结合在一起。

第二，流域经济存在明显的差异性和区段性，即流域经济生产力的配置呈阶梯状分布。由于历史因素、自然禀赋、流域自身的特点、政策规划以及执行力度等诸因素的影响，大多数地域跨度较大的流域上中下游各地区的经济开发程度呈现出不平衡现状，也由于不同地段的资源禀赋、地理区位、技术手段等方面均存在差异，流域内部各区段就表现出差异性、复杂性。[①] 例如，我国长江流域、珠江流域等地区，从上游到下游资源分布呈现由丰富到匮乏的特点，而经济发展水平却与之相反，最终形成资源存量西富东贫、社会经济发展水平和产出水平则出现东强西弱的现象。

第三，流域经济的发展与其周围的环境和资源的利用密切相关。除了水资源之外，流域还包括农田、周边植被和矿物资源等。为了建立起第一、第二、第三产业等产业链，人们需要在流域内有效利用技术、物力、财力等要素，对自然资源进行合理的开发利用。由于流域经济具有关联度高、整体性强的特性，在对流域资源进行开发时，往往表现出"牵一发而动全身"的效应。所以在对流域内各个域段的资源进行开发利用时，尤其是水资源，要从全局的角度看问题，要考虑到整体的各方面的利益，以及未来可能给整个流域的居民带来的影响。因此，为了早日实现"生活型"可持续发展模式，我们要把流域经济发展和生态保护相结合。

第四，流域经济具有综合效益。一般来说，流域经济是一个综合性的、有机的整体，在对流域开发过程中，不仅可以获取经济效益，还可以获得包括生态效益在内的综合效益。从最新的评价标准和评估体系来看，有一部分区域为了经济发展和政绩，忽视了效率与公平，以及合理高效的资源配置问题和生态环境对人类影响的问题。根据流域生态系统和市场经济特征，在综合分析各流域段资源禀赋优势的基础上，适当增加符合当地生产发展的产业，与此同时提高生产力水平，转变为高效的增长方式，从而能够获得源源不断的可持续发展动力以及全方位的经济、生态效益。[②]

① 陈湘满. 论流域开发管理中的区域利益协调[J]. 经济地理, 2002(5):525 – 529.
② 陈修颖. 流域经济协作区:区域空间重组新模式[J]. 经济经纬, 2003(6):67 – 70.

第二节　流域生态保护与高质量发展的
"生活型"发展模式理论依据

流域经济发展模式是指在流域区域内，在一定的价值理念之下，实现一定的发展目标，并结合区域内的内外基础条件，依托特定生产要素和保障措施，寻求区域经济的发展方式和路径。研究流域经济发展模式的重点要对流域区域内的基础条件、路径选择、价值理念、目标定位、保障机制以及区域间关系进行分析，如图2-1所示。区域经济发展模式中的各个因素之间联系紧密，这些因素相互影响共同促进区域经济的发展。区域经济活动的评价标准、目标定位和指导思想制定的关键在于价值理念；区域经济的发展目标是反映区域经济活动最为直接的指针，受到区域发展条件的影响。区域经济发展的基础条件是指区位和基础自然环境资源情况，是塑造区域特色的基础。保障机制是一种创新和积累的无形资源，是人类文明创造的价值。区域发展路径也就是结合区域内的基本条件来制定和选择实现发展目标的方向，是区域经济发展模式的关键所在。区域经济发展路径会受到区域基础条件和保障机制的限制，但也会反作用于它，比如，一个区域的发展模式是依靠消耗自然资源，这种发展方式会给环境带来巨大的压力，甚至会对无形资产的形成和集聚产生制约；但是区域如果采用了节约资源的发展方式，会促进管理方式的创新并刺激一些新技术的发展，从而实现可持续发展。因为区域属于开放性的，区域内的竞争以及合作关系也是研究区域经济发展模式的重要因素之一，两者之间的关系影响着区域发展的保障条件和路径选择以及评价标准。由于流域对于生态环境具有明显外部性，流域经济发展应更加注重两者关系，这影响到流域经济的可持续发展。

我国经济发展进入了新常态，党中央提出全面建成小康社会的目标，本书对流域经济发展模式转型进行研究，提出由"生产型"发展模式转向生态保护与高质量发展的"生活型"发展模式。生态保护与高质量发展的

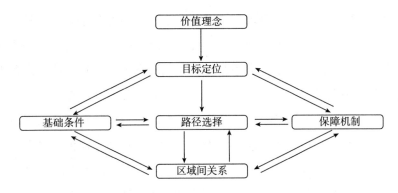

图 2 - 1　区域经济发展模式涉及的主要内容及其相互关系

"生活型"发展模式提出的理论依据，一方面，依据马克思《政治经济学批判·序言》中"生活的生产"这一理论命题，解读"生活"的本源性与"生产"的目的性，人类进行生产活动最终是为了人类的生活。另一方面，流域经济生态保护与高质量发展的"生活型"发展模式也应是可持续的发展模式，流域的可持续发展才能保证人们饮用水的安全、环境的优良、经济的发展、生活质量的提高，从而实现"绿水青山就是金山银山"，探索"富有地域特色的高质量发展新路子"。水资源的可持续发展要求根据水资源的特性，将循环经济引入分析框架，同时完善制度保障体系，对流域进行综合管理，从而实现流域生态保护与高质量发展。因此，流域经济生态保护与高质量发展的"生活型"发展模式研究的理论依据包括马克思"生活的生产"理论、可持续发展理论、循环经济理论、流域综合管理理论等。

一、马克思"生活的生产"理论

（一）"生活的生产"理论的提出与内涵

马克思对于社会经济结构有一段精辟的论述："人们在自己生活的社会生产中发生一定的、必然的、不以他们的意志为转移的关系，即同他们的物质生产力的一定发展阶段相适合的生产关系。物质生活的生产方式制约着整个社会生活、政治生活和精神生活的过程。"这段论述出自马克思所著的《政治经济学批判·序言》中。社会经济结构的形成是以各种生产关系为前提的，它的形成以现实情况及社会意识形态为基础，也是政治及法律形成的依据。人们的精神生活、政治生活及所有活动均是以物质的生产及生活为基础的，由于人类的存在，才相应产生了意识。简言之，人类社会的存在是人类意识存在的基础。而实际上，人们对"在自己生活的社会生产中"并没有确切认识，对其内涵没有准确把握。马克思和恩格斯的历史观体现在"生产是用来满足人类生活的""社会生活的生产""生产生活"等方面。马克思认为，"生产方式"就是"为了生活而进行的生产"。"生活的生产"这个理论强调了生产与生活的本质性关系，也是社会生活的本源特征。"生活的生产"这一理论，进一步证明了马克思对于物质生产重要性的强调，物质生产是一切生产的基础，也是社会发展的基础。但是，他也表明了物质生产的目的性——生活，他将社会发展的合目的性及合规律性两者进行了有机结合。马克思认为：只有在保证人类能够生活的基础上，才有可能创造历史。但生活的前提是必须保证人类最本质性需求，就是要满足人类衣、食、住、行等基本性需要。所以，人类的第一个生产活动是以满足这些需要而进行的物质生产。因此，物质生产是人类生存的基础和前提。但马克思在对物质生产的意义、地位进行论述时，他认为"物质生产"尽管是人类生存的基础，但不等于生活，它与生活丰富的内涵是无法相比的。就"生活"本身而言，其比"生产"涵盖的内容更多。在这一点上，应该将人类的"生活"与动物的"生存"区别开来，人类的"生活"是具有意识性特征的，是一种社会及文化现象，它有明确的需求指向，在满足自身生存需求的同时，还需要满足自身发展及享受的需要。"生活的生产"这一理论在其内涵上表现为以下三个特点。第一，突出了生活世界的本源性特征。马克思在这一理论中，强调了生产与生活的一致性。第二，这一理论旨在说明人类的生活特点形成的生产是系统的、全面的。就其生命活动本身而言，人类的文化性生存与动物的适应性生存截然不同。人类在自身不断地创造及发展中改变着世界，其生活领域因其活动的影响而不断扩大。就生产这一层面而言，人类的生活活动包括物质生产、自身生产及精神生产等。在物质生产极为富足能极大满足人类自身需要时，人类便会产生对进一步的发展需求及享受需求的需要，对社会的、非物质层面的需求也越来越高，不单单局限于物质需要。人类发展的历史也验证了这一观点。同时，马克思一再指出，生产的价值导向及全面性特征取决于人类生活的需要，如果没有了生活，片面对生产予以强调，等于背离了"生活的生产"理论中的逻辑思想，成为单纯追求经济增长的奴隶。第三，"生活的生产"突出了生产的合目的性，它需要依靠"生活"对其进行界定，也强调了以人的最本质需求为出发点和最终目的。作为生活主体的人类，其享受的生活也是其个人的特定世界，其精神及物质需求都是独特的。所以，人类在进行生产时，是无法脱离人来追求社会的发展和进步的，必须满足每个人的生活需求，这样人类才能成为生活及生产的主体。在发展社会主义社会的今天，生产的目的应与社会追求合二为一，人们应把生活幸福及个性发展作为社会生产的本质性目标，这是我们对"生活的生产"的理解，也是本书提出流域经济生态保护与高质量发展的"生活型"发展模式的基础。

（二）社会发展理论的核心——"生活的生产"

在马克思思想体系中对"生活的生产"的论述，我们既可以将其当作一个理论命题，也可以将其视为一个理论架构。在社会理论体系中，更是将其作为该理论的核心。马克思曾言："人们的存在就是他们的现实生活过程。"人类社会的发展就是其生活及生产方式以各种形式交叉、汇聚及相互作用的结果，这种本源性的存在，是以生产的逻辑围绕着生活的逻辑所展开的。《德意志意识形态》这部著作指出："人们用以生产自己必需的生活资料的方式，首先取决于他们得到的现成的和需要再生产的生活资料本身的特性。个人怎样表现自己的生活，他们自己也就怎样。所以，他们是什么样的，这同他们的生产是一致的——既和他们生产什么一致，又和他们怎样生产一致。"这部奠基之作对生产方式及生活方式进行了细致的概述。第一，生产方式怎样，取决于人们的实际生活资料的需要。它既是人类生存的前提，也是生活必需的手段。人类进行生产不仅仅是为了生存，还为了更高的生活需要。第二，人类所进行的生产，不单单是为了满足其肉体的需要，更是为了人类自身生活方式及形式的需要，这才是真正的生产。第三，由于人类的生活方式决定了他们的生产方式，因而一切由此而进行的生产活动便也成为人类生活的一部分。通过以上三点，我们认识到人类生活及生产、生产方式及生活方式和谐统一的原理，它们的相互关系构成了"生活的生产"。所以，"生活"这个概念是构建社会发展理论的基础，就某种意义而言，由于"生活的生产"这一过程是从人类生活及生产中衍生出来的互动过程，因此也是人类社会发展的过程。

人类社会的发展，是人类生产及生活互动的结果，我们不仅要重视物质的增长，更要清楚物质的生产离不开人类生活及生产方式的需要。随着人类文明的进步，其生活方式在社会发展中也越来越重要。马克思以人的生存状态为视角对人类社会进行了划分：一是人的依赖关系；二是以物的依赖性为基础的人的独立性；三是人的个性自由及全面发展这三大社会形态。学者以人类生活方式及生产方式两者间的关系为基础对社会形态进行了分析及研究，并从三个阶段对其历程进行了概括。第一，自然经济时代。因为生产力极为落后，在生产及生活形式、方式上并没有明显区分，人们的"生活方式"通常被必要的"生存的生产"掩盖。第二，工业化时代。由于经济的发展，人们开始有了除物质以外的追求，这时生产与生活区分明显，生活方式已经独立出来。第三，共产主义时代。随着知识一体化及共产主义时代的来临，生产与生活仍将合为一体。在社会形态的第一阶段，生活是淹没于生产中的，而到了第三阶段则是生活涵盖了生产，人们的生活将被"生活的生产"所替代，是一种超越生存的需要。

通过以上分析，我们对社会发展的"三形态"有了初步了解。在它的演进过程中，我们可以清晰地看出人类社会的发展脉络。在生产力极为低下时，人们生产的目的是维持生存，这样的发展模式可以定义为"生产型"发展模式，单纯地追求物质增长。当人们解决了温饱问题后，开始有了更高要求，便进入了"生活的生产"阶段，可以将这样的发展模式定义为"生活型"发展模式。因而，人类社会在其发展历程中，必然要经历从"生产型社会"到"生活型社会"这个过程。人类的物质基础越丰厚，对自身个性化及生活化要求就越高，就越追求自身发展及生活质量，这也是未来社会必须面对的问题。

（三）流域生态保护与高质量发展核心——"生活的生产"

本书将马克思"生活的生产"理论引入流域生态保护与高质量发展的研究中，坚持从流域域情出发，坚持社会主义发展方向，重新诠释流域经济发展架构，以"生活的生产"的理论指导流域生态保护与高质量发展。

西方国家的经济发展，在时间段上被分为现代化及后现代化两个阶段，两者不同点为："工业社会"是以经济任务及经济目标为主体的经济体系，由经济任务及目标来决定一切社会价值。而在后工业社会中，经济领域及社会领域两者是相辅相成互为作用的关系。而社会领域地位的变化是人类生产重心发生变化的结果，把生活水平的提升转向生活质量的提升，把单纯的经济扩张发展为对人的潜力的挖掘。1990—1991 年，美国学者英格尔哈特曾针对"世界价值观"做过一次调查，以世界上 43 个国家为调查对象，其最后结论为："后现代性的到来，说明人类生存战略已经发生改变，由原来的以经济增长为目标转变为以生活质量及幸福指数的提升为目标。"此旨在解决经济增长与人类发展两者间的矛盾问题，注重生活及生存质量。对于马克思对未来社会的描述，在西方发达国家已经初步得到验证。因而，面对国内流域经济发展现状，选择"新型现代化"发展模式，走"后现代性"发展之路，不仅可以消解生产与生活间的矛盾，还有助于将"物"与"人"之间存在的悖论性质扭转过来。在面对效率关系及公平问题上，需要强有力的制度作保证，妥善处理"生活的生产"两者间的矛盾，"不断满足人民日益增长的美好生活需要"。

随着习近平总书记提出"积极探索富有地域特色的高质量发展新路子"，传统的流域治理方法已不再适用。因此，实现流域高质量发展，同时将环境的优美宜居作为美丽中国建设的新亮点、新举措，以便提升全民幸福感，满足和谐社会的本质性要求，是摆在我们面前十分艰巨的任务。而发展流域经济便是其中最为重要的一环，将拓宽新的发展空间，提升发展质量作为主导，利用"生活的生产"理论作为其发展根基。其理念在于：第一，利用"生活的生产"理论的合目的性及合规律性辩证统一的特点，以提升生活质量为最终目标，将每个人作为其发展对象，扭转市场环境下"物支配人"的格局；第二，生产要以人为目的，要坚持全面性、协调性，以可持续发展为原则；第三，协调生产与生活两者的关系，以人的全面提升及发展为目标，将生产与生活协调起来，在既满足人的最基本需要的同时，也注重人类整体生活质量的提升，来谋求人的个性化发展，进而带动流域经济及社会的发展。就目前我国经济及环境而言，两者应相辅相成协同发展。在发展经济的同时保护环境，努力遵循国家发展生产力的本质性要求，将保护环境作为发展经济的起点，在努力改善人们生活的同时，以增加幸福感、提升人民生活质量为落脚点，实现生态保护与高质量发展的稳扎稳打、齐头并进。

二、高质量协调发展理论

（一）高质量发展基本理论

1. 高质量发展的基本理论

高质量发展是 2017 年中国共产党第十九次全国代表大会首次提出的新表述，这表明我国的经济由高速发展阶段转向高质量发展阶段。党的十九大报告提出了一个极为重要的时代课题，即"建立健全绿色低碳循环发展的经济体系"，这为新时代的高质量发展指明了方向。经济的活力、竞争力和创新力是高质量发展的根本，与绿色发展紧密相连，如果脱离了绿色发展，经济的发展将失去活力，高质量发展将失去依托。2021 年是"两个一百年"奋斗目标的历史交汇时刻，在两会上，习近平总书记多次提出并强调经济高质量发展的重大意义。当今时代，我国发展仍然面临机遇和挑战，既要抓住战略机遇，更要面对严峻挑战。准确把握新发展阶段，深入贯彻新发展理念，推动中国经济高质量发展，为全面建设社会主义现代化国家开好局、起好步。

2. 高质量发展的基本原则

党的十九届五中全会提出，"十四五"时期经济社会的发展主题为推动高质量发展，这是根据我国的发展现状而做出的科学判断。高质量发展的原则为发挥有效市场和有为政府的作用，按照比较优势发展各地经济，即各地区协调发展。不管处于哪一发展阶段，经济发展最直观的反映都是收入水平的提高。而收入水平的提高，要得益于现代产业的不断创新以及基础设施的不断完善，同时，还有新的产业和技术不断涌现及新的制度安排。在技术创新和产业进步的同时，要发挥地区比较优势，并能够把比较优势转化为竞争优势，因为只有符合地域的比较优势，才能最大限度地降低成本，这是提高竞争优势的物质基础。经济领域需要高质量发展的同时，也迫切需要推动各个领域的高质量发展，提高党的建设质量也是其题中应有之义，因此我们要以习近平新时代中国特色社会主义思想为指导，为全面建设社会主义现代化国家打好基础。

3. 高质量发展的内容

高质量发展的根本在于激发经济发展的活力、"大众创业、万众创新"的创新力和市场经济下的竞争力，要想实现经济高质量发展，实施供给侧结构性改革是根本途径。经济高质量发展，一方面能够满足人民日益增长的美好生活的需要，另一方面也是新发展理念的体现，是以创新为动力、协调为特点、绿色为基础、开放为必经之路、共享为根本目的的发展。高质量发展与过去过度注重数量、规模、速度和片面追求经济效益增长的粗放式发展模式不同，而是追求质量和效益的全面提升。高质量发展具体应体现在五个方面，即绿色发展理念更深入、创新能力更强、产业结构更优、供给品质更好、综合效益更高。只有将这五个方面融为一体，才能真正实现我国经济的高质量发展。

4. 高质量发展的特征

一是宏观和微观相结合。高质量发展是一个既包括宏观经济发展质量，也包括微观经济活动中产品质量、工程质量、服务质量的"大质量"的概念。这是因为宏观经济的高质量发展，离不开经济主体的高质量、技术的高质量以及高质量产品等微观经济层面的高质量的支撑。近年来，随着我国技术的快速发展，新技术加速向各领域扩散，为提升产品、工程和服务质量，推动产业发展质量水平整体提升，实现经济高质量发展提供了更加有利的条件。当前和今后一个时期，推动高质量发展必须注重宏观和微观的结合。宏观层面要深入推进供给侧结构性改革，加快实施创新驱动发展战略，完善有利于高质量发展的体制机制，积极建设现代化经济体系，提高全要素生产率。微观层面要完善产品和服务标准，推进品牌创建和精品培育工程，培育支撑高质量发展的科技、金融、人才等要素，发展壮大一批精益求精、追求质量和效益的创新型企业。

二是供给和需求相结合。高质量发展首先要解决供给问题，包括产业供给、产品供给、企业供给和要素供给、质量提升等方面。高质量发展要求我国供给体系在产业、产品、企业和要素四个层面进行重构，加快发展高技术产业和战略性新兴产业，不断提高高端产业比重，推动高质量产品和服务快速发展，培育壮大创新型企业，促进知识、技术、信息、人才、数据等高端要素发展。与此同时，高质量发展也是顺应消费需求升级的必然结果，是高品质、高性价比的产品满足消费者高品位需求的必然过程。推动高质量发展，应将供给和需求相结合，推动产品和服务质量不断提高，促进供给端和需求端相匹配。要把握消费升级趋势，适应市场需求变化动态组织产品生产和供应，扩大更具创新性和更为个性化的产品供给，依靠创新促进供需匹配，推动高质量发展。

三是公平和效率相结合。高质量发展是高效率、高附加值和更具可持续性、包容性的结合。从根本上来看，实现高质量发展就是要解决公平和效率问题，核心要义是建立在更加公平基础上的高效率。从公平角度来看，高质量发展意味着要从不平衡不充分发展转向共享发展、充分发展和协同发展，实现产品服务高质量、投入产出高效率、发展技术高新化、产业结构高端化、发展成果共享化和发展方式绿色化。目前，我国经济发展不平衡不充分问题仍很突出，特别是东西部、城乡之间发展差距仍然较大。推动高质量发展，特别是将"三大攻坚战"作为高质量发展的重要内容，是解决发展不平衡的重要举措。从效率角度来看，高质量发展要求以最少的要素投入获得最大的产出，实现资源配置优化。这不仅体现在要素利用效率高，如投入产出效率高、单位 GDP 能耗低、产能利用率高、实现绿色低碳发展等方面，还体现在对微观经济主体进行适当激励，促进企业家与员工等各类微观经济主体之间的利益协调。

　　四是目标和过程相统一。高质量发展是发展目标与发展过程的统一。从发展目标来看，高质量发展有助于满足人民群众日益增长的多样化、多层次、多方面需求，满足人民对教育、收入、就业、医疗等的需求。从发展过程来看，通过创新引领高质量发展是推动我国经济质量变革、效率变革和动力变革的根本途径，是发展动力由要素驱动向创新驱动转变，发展模式由粗放发展向集约发展、绿色发展和可持续发展更替的过程。而经济发展质量、效率和动力"三大变革"的根本目的也是实现高质量发展，这两者在本质上有机统一。要加快建立企业主体、市场导向、产学研深度融合的技术创新体系，不断创造经济发展新动力，激发高质量发展新动能。

　　五是质量和数量相统一。要推进高质量发展，要将环境保护放在首要位置，注重质量和效率的协同发展，使发展的"质"内涵更加丰富。"质"和"量"是不可分割的两个变量，高质量发展是质和量的统一，应该兼顾数量和质量。

（二）流域经济高质量协调发展

1. 流域经济高质量协调发展的内涵

　　流域经济作为区域性经济的一种类型，它的发展是系统性的发展，所涉及的范围非常广泛，流域的高质量发展应该综合考虑经济发展、生态环境保护和社会生活质量等因素，同时，需要政府、市场、跨行业领域的各个组织共同发挥作用，来推动流域系统性、多维度、长久性协调发展。流域的高质量发展也是绿色的发展，流域的自然灾害风险比较大，因此要以生态治理为根本，积极践行习近平总书记提出的"绿水青山就是金山银山"理念，不能走西方"先致富、后治理"的老路。流域的高质量发展还是创新的发展，这个创新不仅包括科学技术上的创新，还包括政策、制度方面的创新。

2. 流域经济高质量发展指标评价体系的构建

　　实现我国流域生态保护与高质量发展，必须走由"生产型"转向"生活型"的高质量发展道路。人口、生态、经济发展水平等方面的高度协调，是人与自然和谐相处的关键，也是实施高质量发展战略的核心。

为探索流域生态保护与高质量发展路径，制定科学的流域经济发展模式，实现资源的可持续利用，并建立有效的经济高质量发展指标来对其进行评价。建立经济高质量发展指标要结合高质量发展的相关理论，准确把握高质量发展内涵，构建整个指标体系的涵盖范围、价值取向、科学定位以及结构设计等。同时，要力求流域经济高质量发展指标体系具有可行性和可操作性，要考虑各项指标的量化及数据取得的难易程度和可靠性，所涉及的数据便于统计和收集，使之能够较好地利用现有的统计年鉴、统计月报各类统计资料。

本书从经济发展、生态保护和社会生活质量三个维度入手，构建科学合理的流域高质量发展指标评价体系，尽量保证所选取的指标能够全面反映流域经济高质量发展的情况。具体指标构成如表2-1所示。

表2-1 流域经济高质量发展指标评价体系

维度	一级指标	二级指标	单位	指标方向
经济发展	经济发展规模	人均GDP	元	+
		社会消费品零售总额	亿元	+
		金融机构年末存贷款总额	亿元	+
	经济发展结构	财政依存度	%	+
		第三产业产值占比	%	+
		利用外资占比	%	+
	经济发展潜力	技术市场交易额	亿元	+
		专利申请量	件	+
生态保护	生态环境水平	城市建成区绿化覆盖率	%	+
		人均水资源量	立方米	+
	生态环境利用	单位GDP水耗	立方米/亿元	−
		SO_2排放总量	万吨	−
	资源环境保护	生活垃圾无害化处理率	%	+
		一般工业固体废物综合利用量	万吨	+

维度	一级指标	二级指标	单位	指标方向
社会生活质量	基础公共服务	每千人口医疗床位数	张	+
		每百人公共图书馆藏书	本	+
		社会保障支出	亿元	+
	基础设施建设	每万平方千米高速公路总里程	千米	+
		每万平方千米的铁路营业里程	千米	+
		全社会用电量	亿千瓦	+
	居民生活水平	城镇居民人均可支配收入	元	+
		居民人均全年消费支出	元	+
		城镇登记失业率	%	−

经济发展维度包括经济发展规模、经济发展结构和经济发展潜力三个一级指标。经济发展规模是指一个经济体经济总量的大小，其中人均GDP反映了一个经济体内个人价值创造的能力；社会消费品零售总额反映了整个经济体消费性商品的使用总量；金融机构年末存贷款总额是某一地区金融机构年末存款余额和贷款余额之和，表示一个经济体内金融行业的发展规模。经济发展结构是指一个经济体的组成和构造，其中财政依存度是某一地区当年财政收入与GDP的比值，反映了政府收入在GDP中的占比，财政依存度较高，则政府在经济体中的实力较强；第三产业产值占比是某一地区第三产业产值与GDP的比值，反映了经济体内第三产业的发展程度；利用外资占比是某一地区当年外商直接投资与GDP的比值，反映了经济体的对外开放程度。经济发展潜力是指经济体的价值增值能力，其中，技术市场交易额和专利申请量反映了经济体科技创新产出。

生态保护维度包括生态环境水平、生态环境利用和资源环境保护三个一级指标。生态环境水平表示当前生态环境的发展水平，由城市建成区绿化覆盖率和人均水资源量组成。生态环境利用反映了社会的生产经营活动对于生态环境的影响；单位GDP水耗是某一地区一年内水资源消耗量与GDP的比值，表示一单位GDP产出与水资源消耗之间的关系，反映经济体对于水资源的依赖程度；SO_2排放总量表示经济体对于燃料资源的利用。生活垃圾无害化处理率和一般工业固体废物综合利用量反映了经济体对于废弃物的再利用程度，表示经济体对环境资源的保护。

社会生活质量包括基础公共服务、基础设施建设和居民生活水平三个一级指标。基础公共服务选定每千人口医疗床位数、每百人公共图书馆藏书和社会保障支出三个二级指标，从医疗、文化和社会保障三个角度来衡量社会基础公共服务水平。基础设施建设是指为直接生产部门和人民生活提供共同条件和公共服务设施的建设，通过每万平方千米高速公路总里程、每万平方千米的铁路营业里程和全社会用电量三个二级指标表示，从公路、铁路和用电量等方面反映。居民生活水平是指居民在物质产品和劳务的消费过程中，对满足人们生存、发展和享受需要方面所达到的程度，用城镇居民人均可支配收入、居民人均全年消费支出和城镇登记失业率表示。

三、循环经济理论

水资源不同于其他矿产资源，水资源是不断地循环和更新的，水的循环是不间断的，属于自然的过程，人类对水资源开发利用就会对水资源的循环产生影响。随着人类社会的不断进步、经济活动的增强，人类对水资源循环的影响也越来越大，从而形成了水资源的循环经济。

（一）循环经济的定义与特征

20 世纪 60 年代，美国的经济学家博尔丁首次提出"宇宙飞船理论"，这也是最早关于循环经济的理论。20 世纪 90 年代，可持续发展和环境革命成为世界的发展潮流，清洁能源、生态保护、资源循环利用等问题被不断提出，并成为环境发展领域中的重要思想。循环经济的本质就是一种生态经济，也称为"资源循环经济"，指实现清洁的生产以及循环地对资源进行使用，在生产和生活中遵守自然界的生态规律，对资源实现高效的利用，降低污染的排放和对环境的污染，促进经济的发展和环境的保护。循环经济融合了环境保护和资源节约等技术，实现环境资源的低消耗、高效率和污染的低排放，解决环境污染和经济发展的矛盾，共同促进经济和环境的可持续发展。循环经济是一种新的制度安排和经济运行方式。它把自然资源和生态环境看成人类共有的自然资源，需要在经济循环过程中将生态环境纳入进去参与定价和分配，改变生产的社会成本与私人获利的不对称性，使外部成本内部化；改变环保企业治理生态环境的内部成本与外部获利的不对称性，使外部效益内部化。总的来说，循环经济是根据环境的容量和自然的规律对经济活动进行调节，最终实现经济、资源和环境的可持续发展。

循环经济相对于传统经济有很多不同之处，传统的经济属于一种高污染、低利用以及高消耗的模式，是不可持续的发展模式。循环经济的特征有五个。第一，具有多重的循环型。其要求经济活动同自然生态的运行规律相互协调和融合，形成"资源—产品—再生资源"的资源循环过程，提高资源的利用效率，让整个生产的过程中不产生或者是少产生废弃物，降低对环境的污染。第二，科学技术的先导性。循环经济的发展需要结合新的科学技术，采用一些最新的技术和科技提高资源的利用效率，并改进生产工艺，降低废弃物的排放，实现低投入、低污染和高产出。第三，要保证综合利益的一致。循环经济就是要求在获取相同的物质和能量时，尽可能地降低对环境的污染和对资源的消耗，并给社会提供最大的效用，实现社会、生态和经济效用的统一。第四，全体社会参与的特点。循环经济的开展不仅需要政府的支持，更需要全体企业和消费者共同努力才能实现，需要全民参与其中，实现社会利益的最大化。第五，清洁生产。清洁生产就是在生产的过程中采用一些技术手段来对污染进行控制，重点是在产品的设计、生产和服务过程中要考虑到环境保护，对生产的工艺和流程进行改进，尽量降低生产过程中的有害物质和副产品的产生，对废弃物进行循环利用，最大限度地降低对环境的污染。1992年联合国确定了可持续发展的重点就是发展清洁生产。

（二）循环经济的原则与意义

循环经济在运行中具有"减量化、再利用和再循环"原则，也被称为"3R原则"。减量化原则就是降低对资源的利用，用最少的资源生产出合格的产品，从源头上节约资源，并减少污染；再利用原则就是提高产品的利用周期，开发高质量的产品来提高产品的使用周期，并在产品的包装上选择能够循环利用的材料和容器；再循环原则就是产品使用完后还能够将其转换为可利用的资源。这三个原则在工业、商业、农业中均能够很好地应用，而且这三个原则还能够为交通控制、城市建设和人口控制的管理提供新的思路。是否成功地遵循这些原则是决定循环经济发展成效的关键。

对于国家而言，发展循环经济是一个重要的资源战略，是保障国家环境、资源、经济可持续发展的重大措施。我国人口众多，人均资源很少，对资源的开发利用采取的是一种粗放式的开采，资源的利用效率很低，而循环经济能够很好地实现环境保护和降低污染，并且对经济产生促进效果，增强企业的社会竞争力，因此我国需要加快推进循环经济模式，实现经济、环境、资源的可持续发展。

（三）循环经济的主要理念

循环经济与生态经济都是由人、自然资源和科学技术等要素构成的大系统。其要求人类在考虑生产和消费时不能把自身置于这个大系统之外，而是将自己作为这个大系统中的一部分来研究符合客观规律的经济原则。要从自然—经济大系统出发，对物质转化的全过程采取战略性、综合性、预防性措施，降低经济活动对资源环境的过度使用及对人类所造成的负面影响，使人类经济社会的循环与自然循环更好地融合起来，实现区域物质流、能量流、资金流的系统优化配置。

1. 新的经济观

新的经济观就是用生态学和生态经济学规律来指导生产活动。经济活动要在生态可承受范围内进行，超过资源承载能力就会形成一个恶性循环，会造成生态环境的恶化。只有在资源承载能力之内的良性循环，才能使生态系统平衡地发展。循环经济是指利用先进的生产技术、替代技术、减量技术和共生链接技术以及废旧资源利用技术、"零排放"技术等支撑的经济，不是传统的低水平物质循环利用方式下的经济，其要求在建立循环经济的支撑技术体系上下功夫。

2. 新的价值观

在考虑自然资源时，不仅要视其为可利用的资源，而且是需要维持良性循环的生态系统；在考虑科学技术时，不仅要考虑其对自然的开发能力，而且要充分考虑到它对生态系统的维系和修复能力，使之成为有益于环境的技术；在考虑人的自身发展时，不仅要考虑人对自然的改造能力，还要重视人与自然和谐相处的能力，促进人的全面发展。

3. 新的生产观

要从循环意义上发展经济，用清洁生产、环保要求从事生产。它的生产观念是要充分考虑自然生态系统的承载能力，节约资源，不断提高资源利用效率；并且从生产的源头和全过程充分利用资源，使每个企业在生产过程中少投入、少排放、高利用，达到废物最小化、资源化、无害化。上游企业产生的废物转化为下游企业的原材料，实现区域或企业群的资源有效利用。并且用生态链条把工业与农业、生产与消费、城区与郊区、行业与行业有机结合起来，实现可持续生产和消费，逐步形成一个循环型社会。

（四）流域循环经济

水循环对于整个地球的生态系统而言非常重要，是连接"地圈—生物圈—大气圈"的纽带，属于全球变化中的一个重要问题。随着人类经济活动的增强，全球气候变暖，水资源的需求也随之变大。但是水资源的供应却越来越小，一些北方地区的生态用水甚至被占用，使江流、湿地退化，湖泊枯竭，水位下降，沙漠化越来越严重，生态环境被严重破坏，频繁地出现沙尘暴这种恶劣天气，从而导致水循环的问题越来越严重。水资源可持续利用的矛盾越来越大，也给流域经济、环境发展带来了巨大危害。此外，我国的干旱和水灾事故发生的频率逐渐上升，水灾害问题越来越严重，水生态和环境出现了严重的危机。

随着水资源问题的不断升级，人们采取了更加先进的技术去寻求和开发优质水，并发挥出经济杠杆的作用，采用科学的方式对水资源的循环过程进行管理。从而改变了以往对水资源管理的模式，将重心放在了水资源的重复和高效利用上，实现低消耗、低排放以及高效率的发展模式，这也是经济可持续发展的基本要求。在流域中实行循环经济可以提高水资源的利用效率。同时我们要注意，人类的经济活动已经影响到了水资源的循环，从而形成了不健康的水资源循环。据此，需要对人类的经济社会活动进行科学的限制和规范，让水资源正常地循环。

四、制度经济理论

流域经济的发展过程中包含制度和技术等方面的内容。人类同流域中的水资源存在相互作用的关系，这是技术产生的根源，而人与水资源的作用中形成的人与人之间关系是资源产生的根源。由于水资源在消费中容易产生"拥挤效应"和"资源退化"等不良现象，因此在这种资源利用中要实现流域经济由"生产型"转向生态保护与高质量发展的"生活型"发展模式，就要求制度安排必须尽可能合理，否则外部性难以避免。19世纪初，凡勃伦和康芒斯就提出并创立了制度经济学理论。19世纪60年代，加尔布雷斯和格鲁奇对制度经济学进行了深化与发展，形成了新的制度经济学。19世纪70年代，科斯和诺斯在新制度经济学中强调了顺应经济的思想，指出通过制度可以对市场的不稳定进行适当的调整，并随后发展为西方的主流经济学之一。

（一）制度的定义与内涵

国内外不同的学者对制度的定义有所不同，目前还没有形成相对统一的标准，凡勃伦将制度定义为"制度实质上就是个人或社会对有关某些关系或某些作用的一般思想习惯"①。拉坦将制度定义为一套行为规则，它们被用于支配特定的行为模式和相互关系②。我国学者林毅夫指出，制度就是对社会中的个体进行行为的约束。制度经济学是经济学中的一个重要分支，它研究的内容是制度对经济发展的影响，以及经济发展如何对制度产生影响。

---

① 凡勃伦. 有闲阶级论[M]. 北京:商务印书馆,1964:98.
② 拉坦. 诱致性制度变迁理论[A]//财产权利和制度变迁[M]. 上海:上海三联书店,1994:225.

制度的内涵非常丰富。第一，制度会对人的行为和动机产生影响与制约。如果不存在制约，人们会受到自私心理的驱动，为了追求最大化的效益，而产生一些不当的行为，给社会、经济的正常发展带来不良影响。第二，制度属于"公共品"，对人们的行为进行规范，针对的对象为一定的人群和集团，具有公共性质，制度可以表现为法律制度、习俗和规则等。但是不同于其他公共品，制度具有一定的排他性，因为制度如果对大多数人有利，那么必然会对少数人产生不利影响。第三，制度具有组织的含义。拉坦所定义的制度中包含组织，制度是一套行为规则，对特定的行为模式和相互间的关系进行支配。组织可以被看成局、单位、企业或者家庭。①

（二）制度的要素与功能

制度包含三个基本要素：第一，正式的制度是指一些政策、法律法规等，包括政府发布的经济、政治规则和契约等，制度可以是成文的宪法或不成文的法，或者是一些特殊细则，甚至是个别的契约，对人们的行为进行规范和制约。第二，非正式的制度。非正式的制度是在长期的交往中形成的文化传统，如伦理规范、意识形态、价值信念、风俗习惯等。第三，实施的机制。制度的运行效率高低与两个方面的因素有关，分别是制度的完善程度和制度的实施机制。如果完善制度的实施机制，在微观的经济中主体违反制度会承受很高的违约成本，这样就很好地抑制了违约行为，保证合作的正常进行。这三个基本要素之间联系紧密，正式制度与非正式制度相互作用、相互促进，正式制度必须以与非正式制度相容为前提才能有效发挥作用。保证制度的作用必须建立有效的制度实施机制，制度的实施机制如果没有力度，那么制度的实际效果将无法体现。

制度的基本功能主要体现在以下五个方面：第一，节约交易成本。所有的经济制度运行都需要存在成本，一个有效的制度就是合理地对人们之间的关系进行协调，对行动者的行为集合进行限定，对交易活动的不确定性进行限制，抑制人们的机会主义倾向，维持公平的竞争关系，降低交易

---

① 拉坦．诱致性制度变迁理论［A］//财产权利和制度变迁［M］．上海：上海三联书店,1994：225-226.

成本。第二，对资源的合理配置。资源配置的合理化需要建立在一个资源能够自由流动的前提下，因此需要通过合理的制度来保护和界定资源的产权。此外，还需要建立有效的制度来激励资源的流动。第三，创造合作的条件。目前的社会属于合作竞争型社会，制度能够对人的行为进行规范，降低经济活动中的不确定性以及信息成本，最大限度地保证合作的顺利开展。第四，激励机制。激励属于内在动力，可以调动当事人在经济活动中的主观能动性和积极性。如果制度有效，则能够很好地激励主体获取其收益，保障其个人的收益同社会收益相互统一。第五，保险机制。因为社会经济的复杂性，存在很多的不确定因素，人的行为可能丧失理性，行为主体往往不能准确地预期自己或者他人的行为，因此会产生危机的情绪。但是有效的保险机制可以降低风险，让主体把握合理预期，增强其安全感。

制度产生作用必须要对人的行为和目标产生影响才行。制定一个新的制度必须建立在社会客观需求的基础上，对其中的经济主体行为产生作用，并促进其发挥功能，从而对经济产生促进效果。

（三）制度创新对流域经济发展的作用

诺斯指出，创新者为了扩大自己的利益而对目前的制度进行变革就是制度创新①。新制度经济学中指出，制度创新是一种创造性活动，是使创新者通过调整制度来获取潜在的收益，是制度变迁的一个环节。制度对于流域经济的可持续发展有决定作用。发展经济就是不断创新的过程，能够极大地促进经济发展，体现在以下四个方面。第一，制度创新能够刺激经济主体的发展动力并建立新的交易规则，对经济活动中的个体行为产生约束效果，对人们经济活动的范围进行拓展。重新建立人们之间的关系，并对人的行为进行激励，引导和促进资源流向高效率的组织和部门，对资源进行合理的配置，优化产业结构，促进社会经济向前发展。第二，制度的创新能够有效地改善原有制度的不合理之处，弥补原有制度的缺陷。第三，对制度进行创新能够将产权不清晰的资源进行有效界定，从而有效地

---

① 诺斯．制度、制度变迁与经济绩效[M]．陈郁，译．上海：上海三联书店，上海人民出版社，1994：104．

克服"搭便车"和外部性的问题，促进经济的有效运行，促进微观经济中的主体积极地参与到生产和创新中，促进社会和经济向前发展。第四，通过制度创新能够降低交易成本，实现劳动分工和专业化分工，促进社会和经济的发展。

在流域的发展和规划中必须依靠制度经济理论的支撑，这是研究流域发展模式转型的理论基础，也是构筑流域管理委员会的指导思想。

五、流域综合管理理论

（一）流域综合管理的概念

国外很多学者从多个方面阐述了流域综合管理的概念。流域综合管理是在流域的地理范围内，在政府的统筹规划和引领下，将依法行政与市场调节相结合，政府监管和公众监督相结合，配合运用现代技术手段，综合考虑流域整体情况，协调区域间、行业间上下游和左右河岸的关系，统筹近期和远景发展目标，保障流域社会经济的可持续发展。因此，我们认为流域综合管理是从可持续发展的角度出发，对流域进行综合的协调开发、监督管理和实施决策。

流域的管理涉及自然、社会、经济和个人行为等因素。自然因素方面，流域综合管理关注的重点为流域水资源和生态环境的和谐发展，流域水资源以及水环境的承载能力。社会因素方面，包括文明程度、管理机构设置和国家体制等。国家的体制决定了流域管理的重点，而管理机构的设置将会影响流域管理的方法和手段；社会的文明程度会影响人们对管理的配合程度。经济因素方面，包含流域各区域经济发展水平、水资源保护和节约水平、水资源的开发程度以及经济政策等，流域经济发展水平达到一定程度，就会把环境保护放在第一位。个人行为因素方面，人们的行为是受其动机支配的，而需求将会对人的行为动机产生制约。据此对流域进行管理就应维护流域的生态环境，对流域的水资源进行统筹规划和协调，从全局出发，实现流域的可持续发展。

（二）流域综合管理的原则

流域综合管理必须考虑社会、经济和自然条件，遵循以下原则。

第一，效率原则。由于水资源越来越稀缺，对水的需求又在不断增长，必须坚持水资源可持续利用的效率原则。为了提高流域管理中的效率，需要实施系统化的管理并建立单一权力结构，减少因决策带来的消耗，避免出现部门之间的责任推卸和混乱。

第二，公平原则。所有社会成员都有平等享用足量高质的水资源的权利。由于水的特性，在流域内进行某种开发或流域间调水活动时，必然导致一部分成员利益受损，一部分成员获利，只有受损社会成员的利益得到补偿，才能实现流域内社会成员利益分配的公平性。同时由于水的可再生性，只要保障水循环的每一个环节正常运行，就能满足当代人之间的公平，还能满足后代人的需求。

第三，可持续性原则。此原则是流域管理的最终目标原则。在流域的综合管理中要始终坚持水资源可持续发展的重要原则，流域管理机构既要对资源的开发利用进行决策，也需要对环保进行监督。因此，政府要给予流域管理部门较高的权力，对各个区域、行业、部门进行统筹管理和协调，保障整个流域中能够有效地开展、实施水资源开发的规划，保证水资源的可持续发展。

（三）流域综合管理的必要性

第一，符合水资源的自然属性。水是连接整个流域的纽带，因此流域内上中下游之间有密切的利害关系。上游的污染会对下游产生影响，下游经济越发达，对水资源的需求量就越大。因此必须要根据水的自然属性，把流域作为一个完整的系统，对流域的防洪、治理、水资源的开发利用以及水环境保护等进行统一规划管理，充分利用水资源的循环再生，实现流域的可持续发展。

第二，保证经济和社会的高质量发展。水是生命的源泉，是国民经济建设的命脉，水资源的可持续利用是社会经济高质量发展的基础。建立一个权威机构，依据流域的总体规划和政策，推动用水成本内部化和水权市场化，对区域的水权、水事活动等进行配置、监控、协调。

第三，提高管理效率以及水资源利用率。流域的管理是一项非常复杂的系统工程，综合了社会、经济、水系统。流域属于有机的整体，但目前分割的管理体制使管理效率较低，同时各个行政区域为了自身的利益，会无节制地利用水资源，造成整个流域较低的水资源利用率。流域管理从全局出发，结合流域内各区域的水资源、人力资源、气候等情况统筹安排，制定有效的用水、节水机制，对各区域进行监督管理，将有限的水资源进行合理配置，提高水资源利用率和流域管理效率。

第四，国际趋势。目前，世界各国纷纷采用了流域综合管理模式来对流域进行综合管理，建立了流域管理机构，并取得了一些成效。

因此，在流域经济发展进程中，只有将流域作为一个整体单元，考虑流域中上中下游地区的经济、社会、环境、资源情况，结合流域生态环境的变化，对流域统一管理，才能实现流域的高质量发展。

六、绿色经济理论

（一）绿色经济的基本定义

"绿色经济"起源于学术界对经济增长与资源环境关系的思考和研究，在 1960 年西方绿色运动的持续发酵下，英国经济学家 Pearce 于 1989 年首次提出此概念。此后，许多外国学者就绿色经济的相关概念进行了讨论和研究，取得了许多宝贵的研究成果。2011 年，联合国发表的《迈向绿色经济：实现可持续发展和消除贫困的各种途径》中也提出了绿色经济的概念。虽然中国对于绿色经济的研究略晚一些，但是取得了众多研究成果，譬如，刘思华（2001）、摩福林（2001）、崔如波（2002）、张春霞（2002）和王旭波（2008）等都基于资源环境问题对绿色经济的概念提出了不同的见解。

阅读国内外相关文献之后发现，绿色经济定义分为广义和狭义两种，而这两种定义都恰好符合中国经济高质量发展的目标。具体来讲，狭义的绿色经济是指在社会生产过程中能够处理好经济增长与资源合理利用、环境保护之间的关系，从而实现经济和环境相辅相成、协调统一的新型经济发展模式。绿色经济具有以下四个基本特征。第一，绿色经济基于生态经济和低碳经济，且在此基础上不断发展壮大，并横跨社会经济发展的各个领域，这种经济模式提高了社会福利水平，促进了社会公平。第二，绿色经济始终把创新当作发展的根本动力，绿色创新有利于保护自然生态环境，是人与自然和谐相处，共同发展的必经之路。第三，绿色经济支撑着绿色产业的发展，为绿色产业铺路。在遵循自然生态规律与经济发展运行规律的基础上，将经济增长与低消耗、低排放以及资源的高效利用相结合进行绿色产品的创新与研发，建设一个有中国特色的绿色商业模式。第四，绿色经济倡导传递先进生态文明建设理念，倡导绿色创新驱动绿色高新技术的发展战略，建立包含集经济—生态—社会为一体的绿色经济评估系统和可持续、高质量发展经济模式，真正实现绿色经济的健康、循环发展。

（二）绿色经济的价值分析

自可持续发展概念被正式提出以后，被广泛应用于各领域，其内涵与外延也得到不断丰富和发展，派生出经济可持续发展、生产可持续发展、社会可持续发展等。可持续发展的核心内容是：人类在努力满足当代人的需求时，应当承认环境承载能力的有限性，不能剥夺后代人所必需的自然资源和环境质量。《中国 21 世纪议程》指出，"可持续发展的前提是发展"，"既满足当代人的需求又不对后代人满足自身需求的能力构成危害"。可持续发展首先是发展，并且是持续不断的良性循环，需要在改善和保护发展的源头——自然环境的前提下，调整传统的产业发展模式，协调经济、社会和自然环境之间的关系。有鉴于此，以可持续发展观为基础的绿色产业模式，成为当今产业经济发展的必然选择。

1. 强调经济、社会和环境的一体化发展

在经济发展的历史进程中，保护生态环境是经济社会发展的客观需要和必然选择。"绿色经济"是在可持续发展观的指导下，通过政府和市场的引导，制定和实施一系列具有强制性或非强制性的制度安排，引导、推动、保障社会产业活动各个环节的绿色化，从根本上减少或消除污染。

2. 体现自然环保的价值

绿色经济坚持开放性与协调性，以保护和合理利用环境资源为核心，在生产、流通、消费等方面遵循绿色先导原则，以环境资源的最小化利用实现经济的最大化发展条件为目标，以环境代价和生产效益为基础，体现出经济发展过程中保护自然环境的价值。

3. 自然资源利用具有公平性

公平性是可持续发展的一个基本特征，而不公平则意味着丧失可持续发展。经济与社会发展的根本目的是寻求最大的经济效益，并持续地改善人民的生活品质。但是，在传统的经济发展模式下，由于自然资源遭到严重的破坏和污染，只能满足当代人或少数地区人民的物质利益需求，忽略了后代人或其他落后地区人民的生活需要，把未来几代或整个人类的环境资源用于满足一小部分当代人的物质享受，这是极其不公正的。绿色经济发展是指在充分利用自然资源的前提下，实现对生态环境的有效利用和可再生性的最大化。

4. 引导产业结构的优胜劣汰

在经济发展的进程中，产业结构是动态变化的，优胜劣汰是一种客观规律，只有通过调整产业结构，才能使企业得以持续发展。发展绿色经济能够带来工业社会的重大变化：一是在生产方面，要对以往的生产方式进行改革，转变以往以经济增长为核心的"资源—产品—污染—排放"的生产方式，提高自然资源利用率，消除或减少环境污染，使生产者承担更多的环保责任；二是在流通领域内对自由贸易政策进行改革，实行附加环境保护义务的自由贸易模式，控制和禁止污染源的转移；三是转变消费观念，引导和推动绿色消费。通过一系列的制度性变革，促进工业社会向绿色社会的回归，依据自然生态规律，建立起由不同生态系统组成的绿色经济系统。

（三）绿色经济的战略意义

只有大力发展绿色经济，才能有效突破资源环境瓶颈制约，在经济社会长远发展中占据主动和有利位置，才能实现经济社会可持续发展。绿色经济的基本内涵和我国当前环境与发展的基本形势及战略目标是一致的，对于贯彻新发展理念具有重要的政策启示和借鉴意义。可以说，发展绿色经济是实现中国环境与发展战略目标的根本保障。

第三章 西江流域生态保护与高质量发展现状、实证分析及问题

第一节 西江流域发展现状

一、西江流域概况

西江，古称郁水，是珠江流域内最大的水系，也是华南地区最长的河流，为中国第三大河流。南盘江是西江的主要干流，沾益区马雄山位于云南东北部，南盘江即发源于此，并途经广东珠海市入海。西江全长2214千米，集水面积35.31万平方千米，流经中国云南、贵州、广西、广东，占珠江流域总面积的77.8%。

西江流域泛指西江水系所流经的范围，包括西江的干流以及众多支流。但不是流经的每个域段都被称为"西江"，不同域段有各自的名称。南盘江是西江水系干流的源头，起经上游河源地马雄山到贵州省黔西南布依族苗族自治州的望谟县蔗香双江口段；"红水河"则是从此处流经广西壮族自治区乐业、天峨等县，至来宾市的象州县石龙三江口与柳江汇合；从三江口流经武宣、桂平段被称为"黔江"；桂平市到梧州市流域段被称为"浔江"；梧州市到广东珠海的磨刀门段被称为"西江"。南盘江和红水河两段被视为上游地区；黔江段和浔江段则被视为中游地区；梧州市至广东珠海磨刀门段为下游地区。西江流域是由南盘江、红水河、黔江、浔

江、郁江、柳江、桂江、贺江、绣江组成。西江流域流经地区及干支流及流域具体区段划分状况如表 3-1 所示。

表 3-1　西江流域区段划分

流域范围	上游			中游			下游
	上段	中段	下段	上段	下段	下游口	河口段
所属代表 城市 （地州）	曲靖	黔西南	河池	桂林	梧州	肇庆	珠海
	玉溪	文山	百色	柳州	贵港	佛山	中山
	红河	安顺		南宁	玉林	茂名	江门
	六盘水			来宾	贺州		
	黔南				钦州		
	黔东南				防城港		

西江流域跨越东西部地区，连接我国最贫困与最富裕的区域，自然资源丰富，航运资源便利。西江流域下游是珠江三角洲，也是我国的重要经济增长极，其效应沿着西江航道向中上游和西南地区扩散。可以说，西江流域具有巨大的发展潜力与价值。

二、西江流域经济发展概况

区域经济学相关理论认为：在各个国家和地区处于经济发展和工业化进程的初级阶段，江河湖泊沿边地区经济发展呈现出不平衡状态，具体表现为下游地区的经济发展速度往往高于上游地区，因此下游地区的经济发展水平更好一些。究其根本，基于水流从上而下的特征，自然资源由富裕城市往下输出是比较经济的。西江流域基本符合这个规律，西江流域流经云南、贵州、广西、广东，上游、中游和下游基本呈梯形状态。上游云贵地区自然资源相对来讲比较丰富，但经济欠发达；中游的广西地区环境优越，处于工业化发展的前期阶段，经济逐渐开始发展；而下游的珠三角则是我国经济发展的前沿地区。

西江流域经济发展现状从以下三个方面进行衡量：一是西江流域经济发展规模，二是西江流域经济发展结构，三是西江流域经济发展潜力。

（一）西江流域经济发展规模

西江流域流经云南、贵州、广西、广东 4 省区的 28 个市（地、州），西江流域流经省区面积如表 3 - 2 所示。

表 3 - 2　西江流域流经省区面积

流域范围		流域面积 (万平方千米)	占全流域 面积(%)	占省区面积 (%)
省区	涉及市、地、州			
云南	曲靖、玉溪、红河、文山及昆明的个别县	5.9	16.5	15.5
贵州	六盘水、黔西南、安顺、黔南、黔东南	6.1	16.8	34.2
广西	河池、百色、柳州、来宾、南宁、桂林、贵港、玉林、梧州、贺州、钦州、防城港的个别县	20.3	56.2	85.7
广东	肇庆、江门、中山、珠海、佛山、茂名的个别县	2.7	7.3	14.7

资料来源：根据《西江流域经济开发与环境整治的总体思路和对策建议》整理而得。

由表 3 - 2 可知，西江流域流经 4 个省区中，广西的流域面积是最大的，其次是贵州。

表 3 - 3　西江流域流经省区 2009—2019 年地区生产总值　　单位：亿元

年份	云南	贵州	广西	广东
2009	6574.4	3912.68	7112.91	39081.59
2010	7735.3	4602.16	8552.44	45472.83
2011	9523.1	5701.84	10299.94	52673.59
2012	11097.4	6852.20	11303.55	57067.92
2013	12825.5	8086.90	12448.36	62163.97
2014	14041.7	9266.40	13587.82	67792.24
2015	14960.0	10541.00	14797.8	72812.55
2016	16369.0	11792.35	16116.55	79512.05
2017	18486.0	13605.42	17790.68	89879.23
2018	20880.6	15353.21	19627.81	97277.77
2019	23223.8	16769.34	21237.14	107671.07

从经济发展状况来看（见表 3 - 3），西江流域流经地区生产总值与其他流域经济发展具有相同的规律：流域从上游地区至下游地区，其经济发展情况不断得到改善，下游地区往往是整个流域中经济发展最好的。横向来看，贵州的地区生产总值最低，广东的地区生产总值最高，2019 年贵州

的地区生产总值为 16769.34 亿元，而广东的地区生产总值为 107671.07 亿元，大约为贵州的 6.4 倍，由此可见，西江流域的经济发展存在着严重的不平衡问题。纵向来看，西江流域流经的 4 个省区地区生产总值都呈现出增加趋势，经济得到了快速发展，通过比较 2009 年和 2019 年的数据，得出这十年间贵州的地区生产总值增长了 3.3 倍，云南增长了 2.5 倍，广西增长了 2.0 倍，广东增长了 1.8 倍。贵州的地区生产总值虽然相对来讲较少，但是增长速度最快，可见贵州的经济正在逐步发展。

通过观察西江流域 4 个省区 2009—2019 年人均生产总值情况可以发现，处于下游地区的广东始终处于领先地位，处于中游和上游的三省区情况较为相近，该流域的经济发展存在不平衡问题。但是各省区从 2009 年到 2019 年人均生产总值都在不断增加（见表 3 - 4），经济发展状况良好。

表 3 - 4　2009—2019 年西江流域流经省区人均生产总值　　单位：元

年份	云南	贵州	广西	广东
2009	13286	10971	13471	39482
2010	14427	13119	14708	46013
2011	20629	16413	18070	53210
2012	23891	19710	22258	57067
2013	27447	23151	24238	62474
2014	29874	26437	28687	67809
2015	31642	29956	30990	72812
2016	34416	33291	33458	80854
2017	38629	38137	36595	88781
2018	43366	42767	40012	89705
2019	47944	46433	42964	94172

（二）西江流域经济发展结构

经济结构状况是衡量一个地区发展水平的重要尺度，不同经济发展趋势的地区，会有很大的经济结构差异。西江流域中游地区，产业结构中第二产业以传统产业为主导。同时，2010 年中国与东盟自由贸易区的成立，为西江流域中游经济发展带来了机遇，促使流域周边产业努力调整本地产业结构，顺应市场变化、协调产业间关系，合理地进行产业布局。同时，一些地区已经开始承接产业转移，如工业园区及商业街的建设等，目前较为有规模的包括广东商业街及广东工业园。珠江三角洲西江下游地区的产业结构的协调性与经济发展规模要优于其他域段。第一产业主要是城郊农业及生态农业，以水果、蔬菜及花卉种植为主，主要是为了满足城市居民日常生活的需要。第二产业对本地区经济增长贡献率较大。近些年，广东逐渐由以劳动密集型、轻工业和装配加工工业为主的制造业生产产业过渡到技术密集及知识密集型产业。

以下采取西江流域 2020 年第一、第二、第三产业生产总值及占比指标作为参考。西江流域四省区 2020 年按三次产业划分的地区生产总值状况如表 3 - 5 所示。

表 3 - 5　西江流域四省区 2020 年按三次产业划分的地区生产总值状况

省区	地区生产总值（亿元）	第一产业	第二产业	第三产业	构成比例（%）		
					第一产业	第二产业	第三产业
贵州	17826.57	2539.88	6211.62	9075.07	14.25	34.84	50.91
云南	24521.90	3598.91	8287.54	12635.45	14.68	33.80	51.52
广西	22156.69	3558.82	7108.49	11492.38	16.06	32.08	51.86
广东	110760.94	4769.99	43450.17	62540.78	4.31	39.23	66.46

通过观察表 3 - 5 可以发现，处在下游地区的广东，其第一、第二、第三产业的生产总值均高于流域中上游的云南、广西和贵州，尤其是第二、第三产业具有明显的优势。由于流域内资源条件、生产力水平、经济发展程度不同，各域段的产业结构也存在差异，从资源开发的依赖程度来看，上游的比下游的要强；但是从科技水平、人力资本及管理对产业的支持力度来说，下游却比上游要强。西江流域上游地区自然资源虽然丰富，但是经济发展水平相对落后，这就导致其生产力水平低下。由于技术水平和人力资本等方面的投入不够，产业结构更多依赖自然资源，而技术的落后又使本地产业的生产方式大多以资源开发、原材料加工、输出结构为主，属于劳动密集型和资源密集型产业。这样长此以往，资源消耗严重必然会造成不可持续的发展。虽然下游地区的自然资源条件不如上游地区，但是对资源的依赖程度不高，会更多地通过技术、管理、资本投入这些再生性资

源来推动产业的发展。

（三）西江流域经济发展潜力

在评判一个地区的经济状况时，不能仅凭当前的经济状况下定论，同时也应该关注该地区的发展潜力，目前经济较落后而极具发展潜力的地区同样具有较强的竞争力。发展潜力的高低没有统一的评判标准，以下将各省区的专利申请量作为参考指标。2008—2019 年西江流域流经 4 省区的专利申请量如表 3-6 所示。

表 3-6　2008—2019 年西江流域流经 4 省区的专利申请量　　单位：件

年份	云南	贵州	广西	广东
2008	4089.00	2943.00	3884.00	103883.00
2009	4633.00	3709.00	4277.00	125673.00
2010	5645.00	4414.00	5117.00	152907.00
2011	7150.00	8351.00	8106.00	196272.00
2012	9260.00	11296.00	13610.00	229514.00
2013	11512.00	17405.00	23251.00	264265.00
2014	13343.00	22467.00	32298.00	278358.00
2015	17603.00	18295.00	43696.00	355939.00
2016	23709.00	25315.00	59239.00	505667.00
2017	28695.00	34610.00	56988.00	627834.00
2018	36515.00	44508.00	44224.00	793819.00
2019	35212.00	44328.00	41900.00	807700.00

由表 3-6 可知，广东的专利申请量最多，从 2008 年的 103883.00 件增加到 2019 年的 807700.00 件，大约增长了 6.78 倍。由此可见，广东将在现有的经济规模上继续增长。虽然贵州、云南和广西的专利申请量相对于广东而言都比较少，但是经过十几年的发展，专利申请量快速增加，分别增长了 14.06 倍、7.61 倍和 9.79 倍。由此说明，上游和中游地区具有极大的发展潜力。

通过以上对经济发展规模、经济发展结构以及经济发展潜力的概述及分析可以得出：西江流域流经的下游省区在这三个方面都优于中上游省区，上游省区的经济发展又弱于中游省区。因此，在接下来的发展战略中，在保持下游省区经济领跑的同时，也要加大对中上游省区的投入力度，加快这一地区的开发建设，对改善生态环境、实现经济重心转移具有重大意义。

三、西江流域生态环境保护现状

生态环境是人类生存、生产和生活的基本前提，为人类的发展提供了不可或缺的资源和条件。纵观人类发展历史，可以发现生态环境与历史兴衰之间有着密不可分的关系，即"生态兴则文明兴，生态衰则文明衰"。然而随着我国经济的快速发展和工业化进程的不断推进，生态环境遭到了一定的破坏。科技的迅速发展给人类生活带来便利的同时，也给环境带来了沉重的负担，大量废气和污水的排放严重影响了生态环境和人民的生活质量，不利于流域经济社会持续稳健发展。

（一）生态环境水平

生态环境水平主要体现在一个国家或地区的人均耕地面积、森林覆盖率、人均水资源总量、建成区绿化覆盖率等方面，这些指标越高，表示生态环境水平越好。

1. 森林覆盖率

森林覆盖率指的是一个国家或地区森林面积占土地总面积的比率，是反映森林资源与林地占有率的重要指标，同时也能反映森林资源的丰富程度以及生态环境是否平衡。被誉为"地球之肺"的森林有着十分丰富的物种和功能，同时也是应对生态气候变化的有效途径。我国虽然土地面积辽阔，地大物博，但是森林面积占比较少，森林覆盖率较低，并且不同地区之间存在着较大的差异。2013—2019 年西江流域四省区森林覆盖率情况如表 3 −7 所示。

表 3 −7 2013—2019 年西江流域四省区森林覆盖率情况　　　单位:%

年份	贵州	云南	广西	广东
2013	37.09	50.03	56.51	51.26
2014	37.09	50.03	56.51	51.26

年份	贵州	云南	广西	广东
2015	37.09	50.03	56.51	51.26
2016	37.09	50.03	56.51	51.26
2017	37.09	50.03	56.51	51.26
2018	43.77	50.04	60.17	53.52
2019	43.77	50.04	60.17	53.52

通过表 3-7 可以看出西江流域的森林资源相对来讲比较丰富，四省区的森林覆盖率都在 50% 左右，其中广西的森林覆盖率最高。森林资源作为生态环境中重要的组成部分，对环境的影响力不容忽视，多年来，政府积极号召全社会退耕还林，投入大量资金来维护森林资源，促进森林建设。通过观察西江流域四个省区从 2013 年到 2019 年的森林覆盖率情况可以发现，其森林覆盖率在逐步提高。

2. 水资源

水资源总量是指我国所有可以利用的水资源，人均水资源指的是在我国可利用的淡水资源平均分配给每一个人的占有量，它是衡量一个国家可利用的水资源量的重要指标。然而，我国的水资源并不丰富，虽然淡水资源总量可以达到 28000 亿立方米，占全球水资源的 6%，仅次于巴西，但是人均水资源却极少，在世界上排名第 88，因此我国是一个严重缺水的国家。如果再减去难以直接利用的洪水径流以及偏远地区的部分水资源，人均水资源将会更少。表 3-8 为 2009 年和 2019 年西江流域四省区的水资源总量、人均水资源量的对比。

表 3-8　2009 年和 2019 年西江流域四省区的水资源总量、人均水资源量

省区	水资源总量（亿立方米）		人均水资源量（立方米）	
	2009 年	2019 年	2009 年	2019 年
贵州	910.0	1117.0	2397.7	3092.9
云南	1576.6	1533.8	3459.7	3166.4
广西	1484.3	2105.1	3069.3	4258.7
广东	1613.7	2068.2	1682.5	1808.9

通过表 3 - 8 可以看出，虽然贵州省的水资源总量最少，但是人均水资源量较多；虽然广东省的水资源总量较多，但是人均水资源量是最少的。因此衡量一个地区的水资源状况，不仅与总量有关，也与人口数量息息相关。目前，与全国人均占水量相比，西江流域人均占水量仍处于较高水平，但从近几年其水资源总量变化的情况及用水构成来看，应重视水资源安全问题。

3. 矿产资源

矿产资源，是指经过地质作用而形成的，天然赋存于地壳内部或地表，埋藏于地下或出露于地表，呈固态、液态或气态，并具有开发利用价值的矿物或有用元素的集合体。

矿产资源属于不可再生资源，其储量是有限的。截至 2020 年底，中国已发现 173 种矿产，其中能源矿产 13 种，金属矿产 59 种、非金属矿产 95 种；水气矿产 6 种[①]。目前，世界已知的矿物有 3000 种左右，其中绝大多数是固体无机物，液态的（如石油、水银）、气态的（如天然气、二氧化碳和氮）以及固态有机物（如油页岩、琥珀）仅占数十种。在固态矿物中，绝大部分属于晶质矿物，只有极少数（如水铝英石）属于非晶质矿物。来自地球以外其他天体的天然单质或化合物，称为"宇宙矿物"（如陨石矿物与月岩矿物）。由人工方法所获得的某些与天然矿物相同或类同的单质或化合物，则称为"合成矿物"，如人造宝石。矿物原料和矿物材料是极为重要的一类天然资源，广泛应用于工农业及科学技术的各个部门。

西江流域水能丰富，且地理区位连接东西部地区，决定了其是中国南部西电东输的开发基地。西江流域的水能资源大部分聚集在西江流域南盘江、黔江及红水河段的上游域段和中游域段，在水电开发上可以形成基地型建设规模。红河水段已建和在建的大型梯级电站有十几座，无论是装机容量还是年发电量都占流域总装机量和年发电量的接近一半。水电资源是重要的能源资源，能够有效助推区域经济和国民经济的发展，西江流域内

---

① 中国矿产资源报告 2021 [R]. 中华人民共和国自然资源部,2021.

丰富的水电资源能够给全流域带来巨大经济利益。表3-9和表3-10分别为西江水系目前已建成的水电站及广西水力资源情况。

表3-9　西江水系目前已建成的水电站

省区	水电站	所在河流
云南	鲁布革	南盘江
广西	龙滩、岩滩、大化、白龙滩、乐滩、桥巩	红水河
	西津	郁江
	昭平	桂江
贵州、广西	天生桥一级、天生桥二级、平班	南盘江

资料来源：广西社会科学院课题组. 西江区域发展的选择 [M]. 北京：社会科学文献出版社，2012：43.

表3-10　广西水力资源情况

河流名称		理论蕴藏量（万千瓦）	可开发水力资源			占全区比重（%）
			电站数（座）	装机容量（万千瓦）	年发电量（亿千瓦时）	
西江水系	红水河	854.54	222	981.30	434.76	68.0
	柳江	341.82	200	158.65	75.08	11.8
	郁江	297.63	209	192.43	89.63	14.0
	桂江	131.23	61	52.87	25.20	3.9

注：红水河包括南盘江下游及黔江和浔江；边境界河按1/2统计。

西江流域自然资源丰富，其中水资源多年平均径流量位居前列，可开发量为355千瓦，仅次于长江流域和黄河流域，人均年用水量约是我国平均水平的1.6倍。由于西江流域位于北回归线附近，属于热带、亚热带季风气候，这种气候非常有利于生物的生长与繁殖。流域中游地区盛产甘蔗、水果、蔬菜、稻谷等，且果实质优量大，其中盛产的水果也被称为有名的岭南佳果。除此之外，良好的生长环境也有利于一些准热带性经济林木、经济作物、工业原料作物的生长与繁殖。同时，西江流域是中国资源密集地区。世界上已知的140种主要矿产，在西江流域已探明的达112种，很多资源的保有储量在全国排名居首。

广西矿产资源保有资源储量居全国前9位的矿种见表3-11。

表 3 – 11　广西矿产资源保有资源储量居全国前 9 位的矿种

名次	矿种
1	锰、锑、磷钇矿、钪、化肥用灰岩、砷、压电水晶、玛瑙、水泥、石灰岩、膨润土、水泥配料用泥岩矿、铪
2	锡、铟、镉、化肥用砂岩、泥炭、熔炼水晶、砖瓦用页岩、砖瓦用黏土、水泥用灰岩、水泥用安山玢岩
3	石煤、钛铁砂矿、锆、独居石、铌钽、重晶石、饰面用灰岩、饰面用辉绿岩、饰面用大理石、玻璃用石英
4	钒、铝、钨、锆英石、镓、饰面用花岗岩、陶粒用黏土
5	锌、银、钽、铊、锆、高岭土、滑石、熔炼用灰岩
6	叶蜡石、轻稀土氧化物、水泥配料用黏土、水泥用凝灰岩
7	金红石、铌、锗
8	制碱用灰岩、云母、铋
9	铅汞、化肥用蛇纹岩、沸石、硫铁矿、普通萤石、水泥配料用砂岩

西江流域自然资源丰富。其中，云南是我国重要的卷烟和烤烟产地。广西有着丰富且质好便于开采的矿产资源，截至 2020 年，广西已发现矿产 168 种（含亚矿种），其中已查明资源储量的矿产为 128 种，约占全国已查明资源储量矿产的 79%；在已查明资源储量的矿产中，75 种资源储量居全国前十位，8 种资源储量居全国第一位。在被列入与国家发展密切相关的 35 种战略性矿产中，广西已查明资源储量的矿产占 30 种。其中广西的锰矿资源储备约占全国的 30%，铝土矿基础储量约占全国的 25%。广西是我国十个重点有色金属产区之一，也是我国唯一可直接采用纯拜尔法生产优质砂状氧化铝的基地。其中锡、锑、铟保有量分别占全国的 28%、33%、32%，其中铟保有量就占了世界产量的 1/3。石灰岩及膨润土等非金属矿为广西水泥基地的建设提供了条件。贵州则是南方最大的煤炭、硫铁矿产区。南、北盘江和红水河 5 地州已探明的煤矿储量达到 143.4 亿吨，其中包括建材、金、重晶石、银等贵重金属，还有膨润土等矿物。

西江流域流经地带旅游资源十分丰富。流域横跨多个我国西南少数民族地区，如广西、云南、贵州，包括壮族、苗族、侗族、仡佬族等 50 多个少数民族，有着浓厚的民族风情，是旅游的一大特色。流域流经地区有 30

多个优秀旅游城市。如桂林山水、安顺黄果树瀑布、龙宫、肇庆七星岩、梧州龙母太庙、贺州姑婆山等都是名扬海内外的旅游胜地。贵州与广西两省区都拥有独具特色的喀斯特地貌等自然风光，其中贵州地理面积的60%多都是喀斯特地貌，也是全国最大的喀斯特地貌地区。

（二）生态资源利用

生态资源利用指的是对各种资源的利用情况，以水资源为例，一般来说，研究某一区域的用水结构，主要根据农业用水、工业用水、生活用水这三种用水方式所占比例来确定。一个地区的用水结构在一定程度上反映了其区域经济发展程度，如果工业用水占比较大，则说明该地工业化程度较高；如果农业用水占比较大，则表明农业是该地的主要产业，但同时也存在因技术落后导致水资源浪费现象。如果某地生活用水占比较大，则是该地文明程度较高的表现。合理地用水，形成一个科学的用水结构是区域经济持续、健康、和谐发展的重要因素。

本书研究西江流域的用水结构情况主要从用水量来分析，按照生活用水、工业用水、农业用水和生态环境用水四类用水方式的用水量统计。其中，生活用水分为城镇生活用水和农村生活用水。城镇生活用水包括居民用水、公共用水等，农村生活用水包括个人用水和牲畜用水。工业用水包括发生在生产过程中的原料用水、加工用水、冷却用水、动力用水和洗涤用水等，但除去企业生产中的重复用水量。生态环境用水则是指通过人工方式给生态环境补给用水。表 3-12 和表 3-13 分别为西江流域四省区2009 年和 2019 年用水结构状况。

表 3-12　2009 年西江流域四省区用水结构

省区	用水总量（亿立方米）	农业用水量	工业用水量	生活用水量	生态环境用水量	人均用水量（立方米）
贵州	100.4	50.8	34.1	14.9	0.6	264.5
云南	152.6	108.8	23.4	17.3	3.2	335.0
广西	284.6	195.3	54.0	29.6	5.7	627.3
广东	463.4	228.7	136.2	90.4	8.1	483.2

表 3 − 13 2019 年西江流域四省区用水结构

省区	用水总量 （亿立方米）	农业用水量	工业用水量	生活用水量	生态环境 用水量	人均用水量 （立方米）
贵州	108.1	61.7	25.4	20.0	1.0	299.3
云南	154.9	106.4	20.8	23.3	4.4	319.8
广西	283.4	189.9	49.0	41.2	3.3	573.3
广东	412.3	208.5	94.6	103.6	5.7	360.6

2019 年西江流域流经四省区云南、贵州、广西和广东的用水总量分别为：154.9 亿立方米、108.1 亿立方米、283.4 亿立方米、412.3 亿立方米，总用水量为 958.7 亿立方米。从上述表中可以看出，西江流域流经地区用水结构中农业用水量所占比重比较大。云南省农业用水量所占比重从 2009 年至 2019 年减少了 2.4%，这说明：一方面，随着生产技术的改进，农业逐渐朝着节能化方向转变，国家重视农业并出台了许多鼓励政策促使农业产业结构升级，在一定程度上减少了农业用水量。另一方面，其他产业的用水占比增加也从侧面提高了农业用水率。从工业用水量来看，下游的广东省用水依然比较高，上游地区用水有所下降。2019 年广东省工业用水量为 94.6 亿立方米，同年贵州省工业用水量却只有 25.4 亿立方米，这表明下游地区工业发展程度和水平高于中上游地区。从生态环境用水量来看，2019 年云南、贵州、广西、广东四省区的生态环境用水量分别为 4.4 亿立方米、1.0 亿立方米、3.3 亿立方米、5.7 亿立方米。可以看出，广东用水量远高于其他三省区。这说明经济越发达的地区对生态环境保护越重视，人们对生活质量和生活环境的要求越高。

（三）资源环境保护

资源环境保护要求对垃圾进行无害化处理，生活垃圾无害化处理率指的是无害处理的城市市区垃圾数量占市区生活垃圾产生量的百分比。为了促进经济社会可持续发展，垃圾分类已经成为生活中不可或缺的一部分。人类每天的生活都在大量消耗自然资源并产生各种各样的垃圾，如果这些垃圾得不到有效的处理，将会造成十分严重的后果。而随着经济的不断发展，垃圾产量也在逐年增加，在经济快速发展的同时保护生态环境的关键就在于合理地处理这些垃圾。表 3 - 14 为 2019 年西江流域四省区生活垃圾清运和处理情况。

表 3 - 14　2019 年西江流域四省区生活垃圾清运和处理情况

省区	生活垃圾清运量（万吨）	无害化处理厂数（座）	无害化处理能力（吨/日）	无害化处理量（万吨）	生活垃圾无害化处理率（%）
贵州	346.4	28	15420	352.1	96.6
云南	455.9	32	13567	454.9	99.8
广西	497.7	29	16546	497.7	100.0
广东	3347.3	111	134543	1545.0	100.0

广东省生活垃圾清运量在 2019 年达到 3347.3 万吨，高于其他三省区，由此说明经济发展水平越高，人口越密集，垃圾量越大。与此相对应的是，广东省的无害化处理厂数也是较多的，无害化处理能力最强，生活垃圾无害化处理率达到 100.0%。由此说明，垃圾制造量多虽然在一定程度上污染了环境，但问题的关键在于做好处理工作，要提高垃圾无害化处理率。综合来看，西江流域各个省份的生活垃圾无害化处理情况良好，除了贵州生活垃圾无害化处理率为 96.6% 外，广西和广东的处理率已经达到 100.0%，云南为 99.8%。

四、西江流域社会生活质量现状

社会生活质量是衡量居民在社会生活中获得各种福利水平的指标，也是反映社会生活水平的指标。它与日常所说的生活水平不是一个概念，生活质量是衡量人们生活好坏程度的一个指标，它综合反映了人们生存和发展各方面需要的获得感和满意程度。社会生活质量的高低没有一个统一的评判标准，一般来说，从以下三个方面来衡量：一是通过基础公共服务来衡量；二是通过基础设施建设来衡量；三是通过居民生活水平来衡量。这三个方面共同反映出西江流域社会生活质量的发展水平。

（一）基础公共服务

随着我国经济的发展，人们对基础公共服务的要求也越来越高，因此，基础公共服务的发展水平成为地区经济发展的重要参考对象。基础公共服务是指能够满足人们实现自身的全面发展的基本社会条件，这种社会条件是建立在一定的社会共同认知上，并根据不同的经济发展形势和水平不断变化。基础公共服务主要包括三点：一是保障人类的基本生存权（或生存的基本需要），为了实现这个目标，需要政府及社会为每个人都提供基本就业保障、基本养老保障、基本生活保障等；二是保障个体的尊严（或体面）和基本能力的需要，需要政府及社会为每个人都提供基本的教育和文化服务；三是满足基本健康的需要，需要政府及社会为每个人提供基本的健康保障。随着经济的发展和人民生活水平的提高，社会基础公共服务的保障范围会逐步扩大。以下采用教育经费指标作为参考，2009—2018 年西江流域四省区总体基础公共服务概况如表 3 – 15 所示。

表 3 – 15　2009—2018 年西江流域四省区总体基础公共服务概况

单位：万元

年份	贵州	云南	广西	广东
2009	3094113.0	4408081.0	3873253.0	12843085.0
2010	3669549.8	5336316.5	4941415.8	153727347.7
2011	4510531.0	6582934.5	5938482.4	18846364.8
2012	6000417.1	8664598.6	7395258.7	22007869.4
2013	6799794.5	9006911.7	7794171.4	24775503.1
2014	7700061.0	9199396.0	8586224.0	27356552.0
2015	9277346.6	10455388.3	10111558.7	30474905.8
2016	10335341.8	11886446.4	10914240.9	33675375.9
2017	12488005.1	13292087.9	11891780.6	38610330.8
2018	12732768.3	14543783.4	12836617.6	42684257.6

由表 3 – 15 可知，从 2009 年到 2018 年，随着经济的发展，西江流域的基础公共服务水平发生了很大的变化。从教育经费可以看出，各省的增幅都比较大，2018 年相比较于 2009 年，贵州、云南、广西和广东四省区分别增长了 3.12 倍、2.30 倍、2.31 倍和 2.32 倍，贵州省的教育经费涨幅最大，体现了贵州省对教育的重视。横向比较，广东省的教育经费大致为其他三省区之和，由此说明经济和教育之间呈现出正向相关性。因此，要想提高经济的发展速度和水平，必须重视教育。

（二）基础设施建设

基础设施建设为生产部门和人民生活提供基础设施，主要包括居住建筑项目、商用建筑项目、能源动力项目、交通运输项目、环保水利项目和邮电通信项目。基础设施建设是物质基础，是城市主体设施正常运行的保证。经济起飞离不开基础设施建设的助推。沿海地区经济快速发展和某些区域开发的成功给我们的启示就是通过率先启动大规模的基础设施建设，为经济高速增长奠定坚实的基础。经过多年的发展，中国的基础设施面貌有了翻天覆地的变化，促进了经济的快速持续增长。然而，由于过去基础薄弱和历史欠账多，制约中国基础设施建设的因素仍未消除，加强基础设施建设显得更加紧迫。2010 年和 2019 年西江流域四省区基础设施建设概况如表 3 - 16 和表 3 - 17 所示。

表 3 - 16   2010 年西江流域四省区基础设施建设概况

省区	高速公路总里程（公里）	铁路营业里程（公里）	全社会用电量（亿千瓦小时）
云南	2630	2002	1286.7
贵州	1259	1900	835.5
广西	1274	5086	993.2
广东	4839	2297	4060.1

表 3 - 17   2019 年西江流域四省区基础设施建设概况

省区	高速公路总里程（公里）	铁路营业里程（公里）	全社会用电量（亿千瓦小时）
云南	6003	3753	2954.2
贵州	3441	4000	1540.7
广西	6026	5206	1907.2
广东	9495	4825	6695.9

从表 3 - 16 和表 3 - 17 的数据可以看出，2010 年、2019 年，四省区的高速公路总里程、铁路营业里程和全社会用电量都得到了提高，这离不开科技的发展和工业化进程的加快。其中，贵州的高速公路总里程数最少，主要是因为贵州山脉较多，不利于高速公路的修建。铁路方面，

贵州 2019 年的铁路营业里程为 4000 公里，较 2010 年的 1900 公里翻了一倍多，铁路的修建也推动了贵州省经济的发展。广东的高速公路总里程数居于四省区前列，作为全国的经济发展前沿地区，交通便利是经济发展的必要条件。

（三）居民生活水平

居民生活水平是指居民在某一社会发展阶段中，用来满足自身物质、文化生活需要的社会产品和劳务的消费程度。居民生活水平主要围绕着"需要、工作、生活、收入、消费"等层面，指与人们的收入水平或消费水平相关的物质和精神生活的客观条件或环境的变化。居民生活水平包含一系列满足居民物质文化生活需要的内容，一般用相关指标体系来测定。1953 年联合国首次草拟了与生活水平相关的指标体系和国际比较方法。1959 年联合国关于《在国际范围测定和衡量实际生活水平》的报告，进一步系统化衡量生活水平的方法。1978 年联合国进一步修订了《社会和人口统计体系》（SSDS）文件专辑，提出了测定生活水平的 12 类指标，每一类中又规定了若干局部性指标。对生活水平的测定主要使用某一单项指标，如：人均国民收入指标、实际收入水平指标、实际消费水平指标、人均寿命指标、恩格尔系数、人均卡路里或蛋白质摄取量指标等。西江流域的经济发展提高了该区域的人民生活水平。城镇登记失业率是评价一个地方就业情况的主要指标，反映了一定时期内实际失业人数在可以工作的人数中所占的比重，如表 3 - 18 所示。

表 3 - 18　2008—2019 年西江流域城镇登记失业率　　　　单位:%

年份	贵州	云南	广西	广东
2008	3.98	4.21	3.75	2.60
2009	3.81	4.28	3.74	2.60
2010	3.63	4.20	3.66	2.50
2011	3.63	4.10	3.46	2.46
2012	3.29	4.03	3.41	2.48
2013	3.26	3.98	3.30	2.43
2014	3.27	3.98	3.15	2.44

续表

年份	贵州	云南	广西	广东
2015	3.29	3.96	2.92	2.45
2016	3.24	3.60	2.93	2.47
2017	3.23	3.20	2.20	2.47
2018	3.16	3.40	2.34	2.41
2019	3.11	3.25	2.60	2.25

从表 3-18 可以看出，随着西江流域经济的发展，沿线各省的城镇登记失业率呈递减趋势。根据 2019 年政府工作报告可知，城镇登记失业率的目标在 4.5% 以内，又根据 2020 年国务院公布的《2019 年〈政府工作报告〉量化指标任务落实情况》可知，2019 年底全国城镇登记失业率为 3.62%。西江流域沿线的四个省级行政区全都完成了目标任务，其中广东最低，达到 2.25%。根据总体发展趋势可以看出，西江流域四省区城镇登记失业率均有所下降。由此说明，中上游区域的省份就业情况稳步提升。

第二节　西江流域经济发展与环境保护的实证分析

为了深入探究西江流域经济发展与环境保护之间的相互关系，本节将从整体的角度看流域经济发展、分地区的角度看经济发展与环境保护之间的关系、分时间段的角度看经济发展与环境保护之间的关系三方面对西江流域经济发展与环境保护进行实证分析。本节结构安排如下：首先，采用理论分析与经验分析的方法，构建计量分析模型，并对其参数和选取的方法进行解释说明；其次，对回归模型中变量的选取、回归数据的来源进行说明；最后，通过计量软件回归得到结果，对回归结果进行解释。

一、模型的构建

为了能够准确地分析经济发展与环境保护之间的关系，本节将对模型进行合理的限定，同时也是为了让计量回归结果一目了然，本节将只对与本书主题相关的变量进行回归分析。因此，本部分首先会对选择的模型进行一系列假设说明，其次对采用的计量方法进行介绍，最后对模型的设定和参数估计进行解释说明。

（一）模型假定

一般而言，经济与环境之间存在着相互依存的关系，一方面，经济的发展往往需要环境作为支撑，环境质量的降低将直接影响经济的发展；另一方面，在人类经济活动作用下，经济的发展会对环境保护产生一定程度的压力，除了向自然索取经济发展所需要的资源之外，人们还在不断地向环境中排放经济发展产生的废弃物。经济发展过程不可避免地会引起环境功能和环境结构的变化。协调好经济与环境之间的关系，是保持经济持续、稳定发展的前提，在经济发展过程中，做到经济与环境的协调发展。然而，并不是不发展才是对环境的保护，而是协调经济与环境之间的关系才是保护环境的本质特征。因此，本书分析的理论基础是基于以下假设。

第一，20 世纪 50 年代，经济学家西蒙·库兹涅茨（Kuznets）提出了一个假说：收入差距与经济发展两者之间的关系，最初的时候会随着经济增长而拉大，经过一段时间的经济发展后，这样的差距逐渐缩小。本书通过探索经济发展与环境保护之间的库兹涅茨曲线，研究发现，在经济发展初期，环境保护与经济发展是相互抑制的关系，但是在经济发展到一定阶段后，环境保护与经济发展却是相互促进的关系。

第二，由于本书着重分析的是经济发展与环境之间的关系，而流域中最重要的又是水环境要素，因此本书将尽可能多地关注与水相关的变量对经济的影响，所以在指标选取上也尽量选择与水环境相关的指标。工业用水量的增加，一方面是由于工艺的改进提高了生产效率，另一方面是由于劳动力的增加与资本投入的增加，生活用水量与劳动力数量呈正相关，而工业用水量与资本投入量是高度正相关的，因此后文中用工业用水量替代资本量，用生活用水量替代劳动力来探究资本和劳动力数量对 GDP 的影响。

第三，消费成为经济增长的第一驱动力，因此本书中把社会消费品零售总额纳入经济增长方程，同时财政收入可以在一定程度上转化为政府购买，从而促进经济的增长；教育投入与科学技术的投入能够转化为人力资本和技术，也在一定程度上促进了经济增长，因此本书把社会消费品零售总额、地方公共财政收入、地方公共财政支出——教育、地方公共财政支出——科学技术等纳入 GDP 增长方程。

第四，环境指标如工业废水排放量、工业废水去除量也会对经济发展产生影响，一方面工业废水排放量越多，意味着资本投入越多，经济总量越大，经济发展程度越高；另一方面工业废水去除量越多，意味着政府需要投入更多的资金对排放物进行治理，会给企业带来额外的负担，在一定程度上限制经济的发展。因此，将工业废水排放量、工业废水去除量等环境指标纳入 GDP 与环境的方程中，来探究其具体的影响。

第五，环境会对经济产生一定的影响，但是环境指标种类繁多，本书篇幅有限，只将工业"三废"的排放量与去除量等 6 个指标纳入 GDP 与环境的方程中。

（二）模型设定

1. 方法选择

在使用计量分析的过程中，可以根据不同的实际需要选择时间序列分析、截面数据分析和面板数据分析三者中的一种或多种，但是通常简单的时间序列分析与截面数据分析中会存在各种缺陷。例如：时间序列分析中需要注意序列相关的问题，而且通常经济数据也存在着非平稳的问题；截面数据又存在异方差的问题，尤其是西江流域跨越西部和东部，两地之间经济发展存在明显差异。因此本书将采用面板数据分析的方法。

面板数据，也叫平行数据，就是利用一个时间序列，进行多个截面的截取，在对各个截面不同样本予以检测后所形成的数据，这种数据一般被作为样本数据保存下来。拥有时间序列和截面数据两个维度，采用面板数据分析的方法一般有以下优势。第一，由于包含截面数据，面板数据分析的方法将大大增加数据所包含的信息量，并且包含多个地级市，将能够很好地解决统计局完整的统计数据有限、统计年份有限的问题。第二，西江流域上下游之间发展差距过大，地区之间存在异质性，如若简单使用时间序列数据和横截面分析方法，则不能控制这种异质性，导致其结果有偏。第三，由于我国仍处于社会主义初级阶段，经济增长内生动力不足，此外，我国正处于全面建成小康社会决胜阶段，我国很多经济指标都呈现明显的趋势特征，用时间序列数据很容易得出错误结论。第四，面板数据的变量间存在的共线性更弱，简单使用西江流域整体的污水排放量可能与二氧化硫排放量等环境指标之间存在高度共线性，而使用西江流域各地级市的面板数据，存在共线性的可能性就较小。

2. 模型解释

根据前面的分析，本书主要用两个方程探究经济发展与环境保护之间的关系：

$$GDP_{i,t} = \alpha_0 + \alpha_1 C_{i,t} + \alpha_2 GI_{i,t} + \alpha_3 GE_{i,t} + \alpha_4 GT_{i,t} + \alpha_5 IE_{i,t} +$$
$$\alpha_6 IW_{i,t} + \alpha_7 LW_{i,t} + \mu_{i,t} \quad\quad (3-1)$$

$$GDP_{i,t} = \beta_0 + \beta_1 PW_{i,t} + \beta_2 PWD_{i,t} + \beta_3 SO2_{i,t} + \beta_4 SO_2D_{i,t} + \beta_5 SD_{i,t} +$$
$$\beta_6 SDD_{i,t} + \nu_{i,t} \quad\quad (3-2)$$

模型（3-1）中探究西江流域使用一般经济增长模型回归的结果。其中 $GDP_{i,t}$ 表示第 t 年 i 地区生产总值，C、GI、GE、GT、IE、IW、LW 分别代表了影响经济增长的因素：社会消费品零售总额、地方公共财政收入、地方公共财政支出——教育、地方公共财政支出——科学技术、地区工业用电量、地区工业用水量、地区生活用水量。其中，i 表示不同的截面，在本书中指的是西江流域的不同地级市（包括自治州）；t 表示时间，在本书中指的是年份；μ 代表的是误差干扰项。由于本书的数据采用不同的单位，为了减少不同量纲对回归的影响，本书对一些较大的指标进行了对数化处理。系数 α_0 是该回归方程的截距项，而 α_i（$i = 1$，2，3，4，5，6，7）分别是各自变量与因变量之间的弹性系数。例如，α_6 代表的是每单位对数化后工业用水量的增加，给对数化后 GDP 带来 α_6 单位的增加，即当

$\alpha_6 > 0$ 时，在其他解释变量不变的情况下，工业用水量与 GDP 之间是正相关的关系；当 $\alpha_6 < 0$ 时，在其他解释变量不变的情况下，工业用水量与 GDP 之间是负相关的关系。系数 α_i 的大小表示了该自变量对因变量（GDP）的影响强度，如果系数 α_i 越大，意味着该自变量对因变量（GDP）的影响越大；反之，则意味着该自变量对因变量的影响较小。

模型（3-2）探究了环境指标如何对 GDP 产生影响。通过模型（3-2）分析了环境指标（这里主要是指工业废水排放量）与 GDP 相互之间的关系。其中，$GDP_{i,t}$ 表示第 t 年 i 地区生产总值，PW、PWD、SO_2、SO_2D、SD、SDD 是本书选取的环境指标，分别代表工业废水排放量、工业废水排放达标量、工业二氧化硫排放量、工业二氧化硫去除量、工业烟尘排放量、工业烟尘去除量。其中，i 表示不同的截面，在本书中指的是西江流域的不同地级市（包括自治州），t 表示时间，在本书中指的是年份。ν 代表的是误差干扰项，同样地，为了减少不同量纲对回归的影响，本书对一些较大的指标进行了对数化处理。系数 β_0 是该回归方程的截距项，而 β_i（$i = 1，2，3，4，5，6$）分别是各自变量与因变量之间的弹性系数。

二、数据来源

（一）指标选取

本书旨在探究经济发展与环境保护之间的关联，因此主要选取了经济与环境两大板块的指标。

经济方面，与一般的经济增长模型一样，主要考虑劳动、资本、技术等因素，文中主要选取了国内生产总值、社会消费品零售总额、地方公共财政收入、地方公共财政支出——教育、地方公共财政支出——科学技术、地区工业用电量、地区工业用水量、地区生活用水量等系列指标。其中，社会消费品零售总额体现了消费对经济发展的影响；公共财政收入在一定程度上体现了政府购买与转移支付对经济发展的影响；而教育、科技等支出则体现了技术对经济发展的影响；工业用电量、工业用水量体现了资本对经济发展的贡献；生活用水量则体现了劳动力对经济发展的贡献。

环境方面，本书将采用污染物排放量和治理量来衡量环境保护的程度，文中主要选取了：工业废水排放量（万吨）、工业废水排放达标量（万吨）、工业二氧化硫去除量（吨）、工业二氧化硫排放量（吨）、工业烟尘去除量（吨）、工业烟尘排放量（吨）等工业"三废"的指标。

（二）数据说明

1. 资料来源

本书回归中使用到的数据均来自国家统计局编写的《中国统计年鉴》（1996—2012）以及 1992 年至 2012 年《云南统计年鉴》《广西统计年鉴》《贵州统计年鉴》《广东统计年鉴》和 1996 年至 2012 年各地州、市的环境公报，并有部分数据源自各地统计局的环境年鉴。其中各地环境指标大部分从 1996 年以后才有统一的统计数据，为了分析经济与环境之间相互作用的关系，其余指标均从 1996 年开始选择。由于西江流域中上游地处西部云贵高原，各地级市（自治州）发展较为落后，统计局数据有部分缺失，对于数据缺失较少的，本书对其采取用前后年份的平均数值替代的方式，例如，缺失 2004 年梧州市地区生产总值数据，本书将用 2003 年、2005 年的平均值来填补 2004 年的空缺值。同时，西江流域的红河、文山、黔西南、黔南、黔东南 5 个地级市（自治州）环境指标的数据缺失较为严重，为了保证模型的有效性，本书在计量模型分析时剔除了这 5 个地级市（自治州）。因此，本书计量回归中采用的是 1996—2012 年的西江流域 23 个地级市（自治州）的面板数据。

2. 地区的定义

由于西江流域地区发展差异较大，本书不仅从整体上考虑了环境保护与经济发展之间的联系，还分地域对不同地域分别进行回归以分析两者关系。对西江流域的上下游划分情况本书将作如下说明。

改革开放以来，中国沿海部分地区由于政策和区位的优势得到了快速的发展，而中西部地区由于地理位置、经济基础的影响，改革发展的步伐始终落后于沿海地区，并且西江流域上中游地区由于地处云贵高原，交通闭塞，缺乏与外界的交流，外界资本很难进入中上游地区，在经济发展水平方面较为落后，与西江下游的广东地区差异明显。

那么本书按照 GDP 总量的差异把西江流域分为上游和下游地区，上游地区主要包括云南、贵州和广西的曲靖市、玉溪市、昆明市、六盘水市、安顺市、河池市、百色市、柳州市、来宾市、南宁市、桂林市、贵港市、玉林市、梧州市、贺州市、钦州市、防城港市共计 17 个地级市（自治州）；下游地区主要包括茂名市、肇庆市、中山市、珠海市、佛山市、江门市共计 6 个地级市（自治州），上下游共计 23 个地级市（自治州）。

3. 时间段的定义

本书不仅从地域上横向分析经济发展与环境保护之间的联系，还从时间的角度纵向分析经济发展与环境保护之间的联系。为了保证分析结果的完整性和合理性，本书选择了经济发展水平较高的西江下游流域——广东部分作为分析对象。因为西江流域上游地区经济发展较为落后，如果对上游地区进行时间维度的分析，由于尚处于环境库兹涅茨曲线倒"U"形的左边半段，因此可能会被错误地估计为环境保护与经济发展之间是负相关的关系；而西江流域的广东部分由于经济基础较好，改革开放以来经济得到了快速的发展，已经基本实现了小康的目标，对广东部分 20 世纪 90 年代以来的数据进行分析可以囊括经济发展与环境之间倒"U"形曲线的左右两个半支。

2003 年西江流域下游的 6 个城市平均地区生产总值为 4467301 亿元人民币，与 2012 年西江流域上游的平均地区生产总值 4145299 亿元人民币较为接近，因此本书认为 2003 年的西江流域下游地区的经济发展状况与 2012 年的西江流域上游地区的较为接近。因此，本书以 2003 年为界限，对 1996—2003 年的西江流域下游地区与 1998—2012 年的回归结果进行对比。

三、模型的计量结果及其分析

为了更加合理和全面地分析经济发展与环境保护之间的联系，本书从整体、地域、时间三个角度进行了计量回归。分地域分析是将西江流域分为上游和下游两部分，上游包含云南、贵州、广西的 17 个地级市（自治州），下游包含广东的 6 个地级市（自治州）。分时间分析是以广东的 6 个地级市（自治州）为例，分为 1996—2003 年和 2004—2012 年两个时间段分别分析。通过采用固定效应模型，运用计量软件 Stata 获得了如表 3 - 19、表 3 - 20、表 3 - 21 所示的回归结果。

（一）对西江流域整体回归的实证结果分析

表 3 - 19 的回归表示了在不考虑西江流域地区异质性情况下，对流域整体进行回归的结果。

表 3 - 19　对西江流域整体回归的实证结果

项目	GDP		
	回归一	回归二	回归三
社会消费品零售总额（C）	1.5566 (0.1513)***		
地方公共财政收入 （GI）	10.5411 (1.4173)***		
地方公共财政支出——教育 （GE）	-15.4394 (4.3083)***		
地方公共财政支出——科学技术 （GT）	35.4780 (14.4274)**		
地区工业用电量 （IE）	7.5379 (0.8256)***		
地区工业用水量 （IW）	95.9634 (20.8340)**		
地区生活用水量 （LW）	122.3407 (63.2628)*		
工业废水排放量 （PW）			
工业废水排放达标量 （PWD）		118.3846 (47.5541)*	
工业废水排放达标率 （PWD/PW）			5311125 (3022978)*
工业二氧化硫排放量 （SO_2）		16.14782 (4.8012)***	17.4567 (4.8065)***

项目	GDP		
	回归一	回归二	回归三
工业二氧化硫去除量 (SO_2D)		−40.80485 (16.3907) **	−35.6566 (16.3520) **
工业烟尘排放量 (SD)		57.68622 (25.9019) **	46.4654 (25.4539) *
工业烟尘去除量 (SDD)			
截距项 (Constant)	−642257.2 (384697.7) *	3598133 (1110463) ***	
观测值 (Observation)	391	391	391
R − sq: within	0.9564	0.1260	0.1081
R − sq: between	0.9884	0.0009	0.0130
R − sq: overall	0.9776	0.0053	0.0001

注: *、**、*** 分别表示在10%、5%、1%条件下的置信水平。

回归一的结果显示，GDP 与工业用水量呈正相关，每增加1单位的工业用水量能够给当地带来95.96单位 GDP 的增长。相应地，GDP 与生活用水量也呈正相关，回归结果与现实情况相符。工业用水量的增加，一方面是由于工艺的改进提高了生产效率；另一方面是由于劳动力的增加与资本投入的增加，生活用水量与劳动力数量呈正相关，当劳动力和资本投入增加时，也能够促进 GDP 的增加。

同时，从数据中也能够看到，每增加1单位的生活用水量给 GDP 带来122单位的增加量，远远大于每增加1单位的工业用水量给 GDP 带来96单位的增加量，单位劳动力对经济的边际贡献大于单位资本的边际贡献。因此，一方面，政府需要加强本地区的环境保护和基础性建设为经济发展创造外部条件，吸引外来劳动力与资本，尤其是通过建设宜居城市来吸引更多的劳动力；另一方面，在西江流域特别是中上游地区的云南和贵州，地处云贵高原，交通欠发达，人口密度较小，西江流域的发展需要合理、高效地利用人力资本，政府需要着重发展一些劳动力需求较小的产业，规避人口密集型产业，因为这些人口密集型产业会对自然环境尤其是水环境造成破坏，如若在发展初级阶段避免走"先发展、后治理"的老路将在追赶上全国经济发展脚步的同时免去污染治理的烦恼。

地方政府需要合理规划，完善基础建设，为经济发展创造良好环境，提高本地竞争力与吸引力，并且因地制宜，利用山清水秀的优势发展旅游业这一特色产业，合理开发资源，走可持续发展道路才是西江流域地方政府未来应该选择的战略。

表 3 - 19 中回归二的结果显示，对西江流域整体的数据进行面板数据回归时，工业废水排放达标量与 GDP 呈正相关，每增加 1 单位的工业废水排放达标量能够给 GDP 带来 118 单位的上升，然而工业废水排放量却与 GDP 相关度不高。

为了在回归中体现工业废水排放量和工业废水排放达标量两个指标，本书在回归三中采用了工业废水排放达标率这一新的指标，它等于工业废水排放达标量除以工业废水排放量。

回归三的结果与回归二的结果基本一致，工业废水排放达标率越高，GDP 越高。由于废水处理需要一定的技术，一般地，废水排放达标率较高的地方相比废水排放达标率较低的地方产业结构更优，因为在经济发展的过程中市场会淘汰一些低端的高污染产业；对废气排放也是同样的道理，产业结构较优的地方，由于技术、产业等优势，往往能够排放较少的废气，而这些相对高端的产业在排污少的同时也给当地带来较为丰厚的收益。因此经济发展到一定阶段转型是必须的，建立起与经济带发展相协调的水生态保护协作机制，适当降低治污的成本，从而实现西江流域开发建设和西江流域水资源生态保护的双赢。

在经济发展初期，一方面，政府治理污水需要费用，并且由于边际报酬递减的缘故，废水排放达标量越高，相应的费用也就越高，从而水环境的治理会对经济发展产生阻力；另一方面，随着排污限制越来越严格，一部分高能耗的、粗放型的产业将面临停业整顿甚至关闭的处罚，那么废水排放达标量的增加势必会导致国内生产总值的发展降速。

本书认为在经济发展初期废水排放达标量与 GDP 之间呈负相关，而发展到一定阶段，随着产业的升级、环境污染越来越严重，超过大自然的承受范围，忽视水环境的治理就会制约经济的发展，那么在这个阶段，废水排放达标量的增加可能会给经济带来正面的影响。

结合西江流域实际情况进行分析：西江流域地域较广，从云贵高原到珠江入海口，横跨 4 个省份，经济发展差异较大。2012 年，本书选取的云南曲靖市、玉溪市、昆明市、红河州、文山州；贵州六盘水市、安顺市、黔西南、黔南、黔东南；广西河池市、百色市、柳州市、来宾市、南宁市、桂林市、贵港市、玉林市、梧州市、贺州市、钦州市、防城港市的平均地区生产总值为 863.3952 亿元人民币，而同期广东茂名市、肇庆市、中山市、珠海市、佛山市、江门市的平均地区生产总值却达到 2662.555 亿元人民币，西江流域广东部分平均地区生产总值是西江流域云南、贵州、广西部分平均地区生产总值的 3 倍还多；2012 年西江流域云南、贵州、广西部分人均地区生产总值为 24762 元，而同期西江流域广东部分人均地区生产总值为 60940 元，两者之比达到 1∶2.46。从宏观数据来看，西江流域的云南、贵州、广西部分与西江流域下游的广东省部分经济发展存在显著的差异，因此更加坚信本书对于废水排放达标量与经济发展之间存在着"U"形关系的设想。

（二）分地域对上下游分别回归的实证结果进行分析

表 3-20 是在考虑了西江流域地区发展异质性情况下，对上游和下游两个地区进行回归结果。

在西江流域上游的回归中，云南、贵州、广西等上游欠发达地区的数据显示，工业废水排放达标量与 GDP 是负相关的关系，每增加 1 单位的废水排放达标量会使上游地区减少 36.8167 单位的工业废水排放达标量，因此在这些欠发达地区，由于尚处于工业发展的初级阶段，粗放型的经济发展模式短期内使经济获得高速发展，但是给当地经济长远发展埋下了隐患。与前文中关于经济与环境之间的倒"U"形关系设想相符，地处云贵高原的西江中上游地区是我国经济发展最落后的地区之一，工业基础差，尚处于倒"U"形的左半支。

　　造成西江中上游地区环境与经济之间互相制约的关系的原因主要有以下两点：一是由于经济基础比较差，相关的配套设施不够完善，前来投资的大多都是粗放型的企业，在发展经济的同时对环境造成了破坏；二是由于西江上游地区地处云贵高原，植被丰富，相对于其他地区，西江上游资源较多，虽然在发展经济的同时破坏了水环境，但是由于经济总量较小，水环境资源较充沛，因此环境治理的边际效益较低，当地政府不愿意为了环境去限制经济发展。

　　在西江流域下游的回归分析中，经济发展能够使工业废水排放达标量增加，同时工业废水排放达标量的增加反过来也会在一定程度上促进经济的发展。从回归分析可以看到每增加 1 单位的工业废水排放达标量可以促进 GDP 增加 1301.865 个单位，对比上游地区单位工业废水达标量对 GDP 遏制为 -36.8167 个单位，两者差距明显，因此前面博弈部分中提出的生态补偿机制是合理的。由于上游的排污会给下游发展带来影响，从回归分析中可以看到排污给上游地区带来的效益远远小于给下游地区经济带来的破坏，如果下游选择付费给上游治理污染，那么会是一个双赢的结局。

　　通过分流域的两个回归，可以确定处于西江流域的下游地区，对环境治理、企业整治造成的经济发展减少量已经小于由环境治理对地区生产总值的贡献值，对水环境治理促进经济发展的增长量大于治理水环境需要的成本。也就是说，西江流域下游处于经济发展与环境污染倒"U"形曲线的右半支，与前文的设想一致。

　　本书认为造成环境库兹涅茨曲线（经济发展与环境污染倒"U"形曲线）的原因主要是：经济发展的各个阶段都有特定的稀缺性。在经济发展初级阶段，主要的矛盾是把经济"蛋糕"做大，这时追求的是经济增长的速度，所以在初级阶段，经济发展与环境治理在一定程度上是矛盾的；度过艰难的经济发展初级阶段，虽然经济得到了发展，却对环境造成了一定程度的破坏，环境破坏的程度越大，对经济的制约就越大。因此在这个阶段，主要矛盾是日益破坏的环境与经济发展需要良好环境之间的矛盾。此外，流域经济具有其特殊性，上游对水环境的破坏，会影响下游的水环境。然而，上游尚处于欠发达阶段，需要快速发展经济，那么如果下游对上游进行适当补偿，或者下游帮助上游治理都是不错的选择。

表3-20 对西江流域分流域回归的实证结果

GDP	上游地区	下游地区
工业废水排放量（PW）		
工业废水排放达标量（PWD）	-36.8167 (16.3528)**	1301.8650 (195.5884)***
工业废水排放达标率 （PWD/PW）		
工业二氧化硫排放量（SO₂）	8.4496 (1.5792)***	
工业二氧化硫去除量（SO₂D）		-357.1789 (47.6755)***
工业烟尘排放量 （SD）	-35.4668 (8.6168)***	9.4286 (2.6142)***
工业烟尘去除量 （SDD）		229.0817 (100.7267)**
截距项	2967039 (355448)***	8386859 (2562617)***
观测值数量	272	119
R-sq: within R-sq: between R-sq: overall	0.2850 0.2745 0.2856	0.8313 0.3210 0.0001

注：*、**、***分别表示在10%、5%、1%条件下的置信水平。

（三）分时间段对下游回归的实证结果进行分析

表3-21的回归是以西江流域广东省部分为例，探究其随着时间推移经济发展与环境保护之间关系的变化。

从表3-21中可以看到，对于工业废水排放达标量这个指标的参数估计值，西江流域下游在两个时间段之间有明显的差异性。1996—2003年，西江流域下游地区，工业废水排放达标量与GDP之间呈现负相关的关系，每增加1单位的工业废水排放达标量会减少323.8718单位的GDP。由于此时西江流域下游地区经济发展状况与现在西江流域上游地区的较为类似，回顾表 3-21 中的结果，两者结论惊人地相似，废水排放达标量增加会在一定程度上遏制经济的发展，也就是说此时的经济处于经济发展的初级阶段，环境治理与经济发展之间的关系和库兹涅茨曲线的左半段较为吻合。

2004—2012 年的回归结果显示，工业废水排放达标量与 GDP 之间呈正相关关系，每增加 1 单位的工业废水排放达标量会增加 1046.788 单位的 GDP。此时的西江流域下游地区已经迈入工业化中级阶段，经济得到发展的同时，环境被破坏，经济发展受到环境制约越来越明显。相应地，环境治理给经济发展带来的收益也日趋显著，此时环境治理与经济发展关系和库兹涅茨曲线的右半段较为吻合。

在前文横向角度论证的基础上，本部分又从纵向的维度论证了经济发展与环境保护之间确实存在库兹涅茨曲线。然而，由于时间仓促、数据限制等，本书仅仅分辨出库兹涅茨曲线的存在，并没有对拐点的具体时间进行分析，文中以 2003 年为界分段对数据进行回归很好地印证了库兹涅茨曲线，却并不代表 2003 年一定为拐点。

表 3-21　对西江流域分时间段回归的实证结果——以广东省部分为例

GDP	1996—2003 年	2004—2012 年
工业废水排放量（PW）		
工业废水排放达标量（PWD）	-323.8718 (246.7716)*	1046.7880 (287.0250)***
工业二氧化硫排放量（SO_2）		
工业二氧化硫去除量（SO_2D）	106.3932 (38.9749)***	-373.5773 (50.6263)***
工业烟尘排放量（SD）		266.4969 (111.5736)**
工业烟尘去除量（SDD）		9.4517 (3.1228)***
截距项	943502 (2237180)***	1.14e+07 (3279200)***
观测值数量	272	119

GDP	1996—2003 年	2004—2012 年
R – sq: within	0.2343	0.7978
R – sq: Between	0.3752	0.5113
R – sq: overall	0.1898	0.0424

注：*、**、***分别表示在10%、5%、1%条件下的置信水平。

四、小结

通过本节实证部分分析可以看出，经济发展初期的西江流域上游地区，环境污染对经济增长促进的作用会大于制约的作用，经济发展处于倒"U"形库兹涅茨曲线的左半侧；西江流域下游地区，环境污染对经济增长促进的作用会小于制约的作用，经济发展处于倒"U"形库兹涅茨曲线的右半侧。面对上下游的差异，为了流域整体的利益，与其让西江流域上游地区走"先污染、后治理"的老路，不如在经济发展初期多注重对环境的保护；为了经济发展的公平性，保证西江流域下游在发展经济的同时为上游地区减少污染提供支持，西江流域上游地区不能在发展过程中对环境索取过度，地方政府可以从以下四个方面做起。

第一，建立西江流域管理委员会与生态补偿机制。设立西江流域管理委员会一方面对西江流域经济发展进行引导，另一方面可以减少监管成本，通过统一管理机构的设立减少地区之间的摩擦与交易成本；同时加入第四章博弈论部分中的生态补偿机制来达到既让上游经济得到快速发展，同时又较小地牵制西江流域下游地区经济的发展。

第二，增强对劳动力的吸引力，完善社会保障体系，提高基本福利保障与公共服务的水平。西江流域地方政府，特别是中上游地区需要推进以保障和改善民生为首要目标的社会文明建设，包括完善科教文卫等方面的事业，为突出公共服务公平性原则，对社会公共服务体系予以完善，吸引外来劳动力，为西江流域经济发展提供必要条件。

第三，完善交通基础设施建设，以支撑西江流域经济高速发展。坚持把社会基础设施建设放在优先发展的位置，统筹兼顾流域各地区的平衡性，通过合理规划布局基础设施，以不破坏环境为原则，加快构建符合现代化要求的综合交通运输体系，打破交通等基础设施的瓶颈制约。

第四，在发展经济的同时加强环境保护。继续推进西江流域水环境综合整治，对于饮用水水源地，西江流域地方政府需要加强对湖泊水环境的保护检测和综合防治，保障居民的饮用水安全；对于城镇和产业园区，西江流域政府需要加快环保基础设施建设，加强危险废物处理，特别是加强对重金属或者具有持久性有机污染物的防治；对于资源矿区，西江流域地方政府需要加强生态保护与环境综合治理，完善矿区开采后的环境治理恢复保障体系；对于农村土壤，西江流域地方政府需要采取有效措施，开展对农村土壤环境保护以及加大对农业面源污染的治理，建立环境监测的预警系统，完善环境污染事故应急处理体系。

第三节 西江流域生态保护与高质量发展存在的问题

人类活动对西江流域生态环境的影响是至关重要的。人类要进步，要实现工业化、现代化，就必然要消耗自然资源，尤其是在当下复杂的世界经济环境，极大的生产规模对资源的开发是难以想象的。因此，要想实现长久的发展，让山更青、水更绿，就必须对资源的开发进行合理的规划。在任何时候，都要将环境和人类社会发展视为一体，在最大程度上合理地进行安排、部署，让人与自然能够保持一个长期共存的关系。具体到西江流域的问题上，要及时行动起来，努力按照既定的目标要求贯彻落实到位，尊重该地区的自身特性，实现更好的发展。

一、水资源利用结构有待调整

（一）水利工程兴建应更加合理化

在西江流域，违反自然规律去建造水利工程，会给生态环境带来严重的后果，如河床干涸、河流干枯等。具体来说，流域区内水电站有"拦坝式"和"引流式"两种，它们是根据不同的水利状况而建设的。其中"拦坝式"水电站就是为了在水流比较大的情况下使用而建设的。一味地注重经济方面的效益，在西江流域建立众多发电站危害是极大的，过度修建水电站只会过度消耗河流资源，导致河流出现干枯的现象，产生难以扭转的后果。对于"引流式"水电站，流域内的河水由于必须通过数公里的隧洞，依靠几百米的落差才能产生动力势能的发电，这样的兴建不利于生态环境的平衡，河水的大量引出会造成河床的干枯。近十年来，水资源相对丰富的西江流域也常出现干旱缺水现象，如2009—2013年云南、广西和贵州连续出现干旱，特别是2010年云南遭遇百年一遇的特大干旱。伴随的问题还有水的自身净化能力问题。动态的水流动时具有很强的力量，能够冲刷污染物，而修建水库后的水变成了死水，导致所有物质都沉淀在该区域，滞留一段时间后才会借助外力流到下游，这对于该地区的水质量来说相当不利，水的自净能力下降。另外，水库的修建同样也会对当地的许多动植物的生活环境产生影响，甚至是灭绝性的打击。当这些水生生物的居住环境遭到威胁时，生物多样性会被破坏，而生物物种的改变反过来又会影响水质。生物群落的多样性及区域性生态环境深受河道形态及河水流态的影响，一个环节的变动必然会影响到另一个环节的稳定和发展，造成恶性循环，导致生态环境的恶化。[①] 此外，水电站的不合理兴建，会淹没大量耕地，影响周边居民的生活。

（二）合理配置水资源供求

西江流域的水资源主要由自有水资源和外来水资源组成，自有水资源是指西江流域的下雨降水、冰川融化、地表水和地下水等。外来水资源主要是指通过人工修建大型水利设施从水资源丰富的地区调往水资源短缺的地区的水。但是，自有水资源仍是西江流域水资源总量的决定性因素，外来水资源所占的份额非常小。近年来，随着科技的快速发展和城镇化进程的加快，人类活动对气候的影响越来越大，西江流域的气候和生态环境也发生了巨大的变化。

---

① 吴春华. 水利水电工程开发与河流生态修复[M]. 北京:中国水利水电出版社,2007:116-121.

与此相对应，西江流域的水资源需求十分旺盛，包括与人们生活息息相关的城乡居民用水、农业灌溉用水以及社会发展所需要的工业用水，其中农业灌溉用水所占比例较大。近年来，随着工业革命进程的加快和经济的快速发展，各种用水需求不断增加。

二、生态环境保护有待加强

（一）合理对资源进行开发

一般来说，流域的中上游地区具有很多的区位优势、资源优势，但往往也是发展较为落后的区域，其对经济发展的需求更为迫切。因此，一些地区在发展中充分开发其资源，过度看重经济效益，但这样又往往会忽视对生态环境的保护。从 20 世纪 50 年代开始，由于发展的需要，西江流域不断开发资源，西江的绿色植被在大幅度缩减，仅中上游的森林覆盖率就减少了一半以上，造成水土流失严重，面积达到 1.5 倍。20世纪末期与 19 世纪 50 年代初相比，贵州及云南两地旱情明显严重，其受旱面积较之前分别增加了 2.4 倍及 7.7 倍。同时，一般情况下流域区兴建水坝水库都属于诱发地震区，而西江流域大部分地区属弱震构造环境，环境比较脆弱。库水侵蚀使边坡失稳，流域内水电站监理易使水库水位波动，水库周边的岩石因为水位而不稳定而使土体失稳，一旦到大雨滂沱的时候，容易引发滑坡和泥石流。由于西江流域的地理区位，其流经贵州、广西两省区为喀斯特地貌地区，水库无法大量蓄水，受水压影响，会造成多处地形塌陷。[①]

西江流域的开发涉及电力、交通、水利、农业、林业和环保等部门，航运枢纽应归属交通部门，水电站应归属电力部门，而水库则归属水利部门等。对于发电部门而言，其仅对发电可产生的效益感兴趣，而对于航运设施的管理及建设均不在其考虑之内。发电功能、防洪功能、航运功能此消彼长，水资源功能利益关系尚未理顺，"上游地区投入，下游地区受益"。很多水利枢纽工程在建设及设计初期，考虑的仅为防洪及发电情况，

---

① 苏维词.乌江流域梯级开发的不良环境效应[J].长江流域资源与环境,2002(4):388-392.

而对于航运设施并没有实现同步规划及设计，本来可以作为一条黄金水道用它来提升区域内人们的生活，可却被人为斩断，导致多处交通阻碍。[①]那么，导致这些问题出现的一个重要原因就是在对流域资源的开发中，在对流域发展的整体规划与管理上缺乏一个统一的、综合的发展规划，各流域区域政府各自为政，无法将流域内水资源进行统筹规划以及最大限度、最为合理地开发利用。

（二）加强生态环境保护

改革开放以来，西江流域也像其他地区一样，不断采取措施来改善环境，但是由于该流域人口高度密集，再加上中上游地区工业化程度偏低，还有许多企业依然采用消耗多、排污多、排废气量多的产业模式。除此之外，由于部分地区管理不善，造成了土地资源、森林资源、水力资源的滥用，环境问题越来越严重。近年来，西江流域的空气质量不断下降，造成该现象的主要原因在于城镇化进程的加快。越来越多的人群涌向城市，因此各项基础设施、工程建设不断增多，市区内的车辆增长过快，汽车尾气排放量也随之增多，温室效应加剧。通过观察发现，西江流域的旱涝灾害严重，在干旱季节时，河道水流减少，甚至会出现河道断流的情况；到了雨季，又出现洪水泛滥的现象，造成山体滑坡，洪水、泥石流等对地方经济造成了严重的影响，给人们的生活带来巨大损失，直接降低了人们的生活质量和生活水平。

（三）减少废气排放

近年来，随着科技的快速发展和工业革命进程的加快，西江流域的生态环境遭到了一定的破坏。二氧化硫是一种无色的具有强烈刺激性气味的气体，易溶于人体的体液和其他黏性液体中，会导致多种疾病。二氧化硫排放量指的是企业在燃料燃烧和生产工艺的过程中排入大气中的二氧化硫的数量。随着经济的快速发展和工业化进程的推进，我们赖以生存的大自然也遭到了一定程度的破坏，科技的进步一方面方便了人类

① 广西社会科学院课题组. 西江区域发展的选择[M]. 北京:社会科学文献出版社,2012:13.

的生活，另一方面一些有害气体和工业废水的排放也严重影响了我们的日常生活。二氧化硫对人体危害极大，一旦被人体吸收进入血液就会对身体产生副作用，同时它也是造成酸雨的重要原因，酸雨对地球生态环境和人类生活发展十分不利。资料显示，酸雨不仅对树木、建筑、土壤、水体、历史古迹有侵蚀危害，还会造成严重的经济损失，甚至危及人类的生存和发展。

除此之外，近年来氮氧化物的排放量也呈现出直线上升的趋势，氮氧化物绝大部分来源于机动车的尾气排放，通过雨水流入河流、海洋中，进入到地下水层，造成水体的富营养化，富营养化进一步在土壤中发生化学变化，进而造成土壤酸化甚至引起生态系统的失衡。二氧化硫、氮氧化物以及其他废气废水的排放严重污染了西江流域的生态环境，对整个流域经济发展产生了十分不利的影响。

三、高质量发展水平有待提高

当前，区域经济发展不平衡的问题在很多地区日益凸显出来。区域经济发展不平衡已经成为阻碍我国经济持续快速健康发展的一个主要社会问题。

（一）促进经济发展平衡

自然地理环境、政治和社会因素等导致我国区域经济发展不平衡。中华人民共和国成立以来，由于实行计划经济体制，区域经济发展水平的差距并不明显。随着改革开放的到来，对外开放首先是从沿海地区开始，沿海地区利用其有利的地理位置，积极参与国际贸易，区域经济得到飞速发展，成为改革开放以来中国经济腾飞的引擎。城市是一个区域经济发展的增长极，也是对外联系的桥梁。城市的发展不仅会带动本区域经济的发展，而且会使城市之间的联系越来越紧密。城市圈的最终形成将会有效推进区域间共同发展。目前，西江流域的经济发展存在不平衡现象，西江流域下游尤其是珠三角地区的城市高度密集且规模日益增长，而上游地区则相反。通过观察2009—2019年西江流域四省区的地区生产总值就可以发现，广东省的地区生产总值水平遥遥领先于其他三省区，说明下游的经济发展水平高于中上游。

（二）调整经济产业结构

目前，西江流域上下游产业结构差异很大。下游第一产业比重相对较低，而第二产业和第三产业所占比重较大，在国民经济中居于主导地位；与之相反的是，中上游地区第一产业比重较大，第二产业和第三产业所占份额较小。事实上，西江流域下游地区不仅在产业结构方面优于中上游地区，而且在同一产业内进行比较，下游的劳动生产率也高于中上游地区。就整个流域而言，第二产业拥有较高的劳动生产率，但比较各域段却又发现，无论是在哪一个产业，下游的劳动生产率都比较高。因此，劳动生产率的差异也必然导致流域经济的发展失衡。

第四章 黄河流域生态保护与高质量
发展现状、实证分析及问题

第一节 黄河流域发展现状

一、黄河流域概况

黄河，中国古代称大河，发源于青海省巴颜喀拉山脉，流经青海、四川、甘肃、宁夏、内蒙古、陕西、山西、河南、山东 9 个省份，最后于山东省东营市垦利区注入渤海。

黄河是中国北部大河，全长 5464 千米，仅次于长江，是中国第二长河，也是世界第五长河，流域面积约 752443 平方千米。在中国历史上，黄河及沿岸流域给人类文明带来了巨大的影响，是中华民族最主要的发源地，中国人俗语称其为"母亲河"。

2019 年 9 月，习近平总书记在河南郑州召开了黄河流域生态保护和高质量发展座谈会，将"黄河流域生态保护和高质量发展"提升为重大国家战略。2021 年 10 月 22 日，习近平总书记在山东济南主持召开深入推动黄河流域生态保护和高质量发展座谈会并发表重要讲话。他强调，要科学分析当前黄河流域生态保护和高质量发展形势，把握好推动黄河流域生态保护和高质量发展的重大问题，咬定目标、脚踏实地，埋头苦干、久久为功，确保"十四五"时期黄河流域生态保护和高质量发展取得明显成效。

黄河流域是我国重要的生态屏障与经济地带，河南域段作为黄河流域关键的经济文化带，在黄河流域重大国家战略中具有非常重要的地位。

黄河流域泛指黄河水系所流经的范围，包括黄河的干流以及众多支流。从源头到内蒙古的河口为上游，河口是上中游的分界点，从河口到河南的旧孟津为中游，旧孟津以下为黄河的下游。黄河流域流经地区及其干支流具体区段划分状况如表4-1所示。

表4-1　黄河流域流经市州

省份	市（州、盟）
青海	西宁市、海东市、海北藏族自治州、黄南藏族自治州、海南藏族自治州、栗洛藏族自治州、玉树藏族自治州、海西蒙古族藏族自治州
四川	阿坝藏族羌族自治州
甘肃	兰州市、白银市、天水市、武威市、平凉市、庆阳市、定西市、陇南市、临夏回族自治州、甘肃藏族自治州
宁夏	银川市、石嘴山市、吴忠市、固原市、中卫市
内蒙古	包头市、呼和浩特市、乌兰察布市、鄂尔多斯市、巴彦淖尔市、乌海市、阿拉善盟
陕西	西安市、铜川市、宝鸡市、咸阳市、渭南市、延安市、榆林市、商洛市
山西	太原市、大同市、阳泉市、长治市、晋城市、朔州市、晋中市、运城市、忻州市、临汾市、吕梁市
河南	郑州市、开封市、洛阳市、安阳市、鹤壁市、新乡市、焦作市、濮阳市、三门峡市、商丘市、济源市
山东	济南市、淄博市、东营市、济宁市、泰安市、德州市、聊城市、滨州市、菏泽市

二、黄河流域经济发展状况

黄河流域很早就是中国农业经济开发地区。黄河上游的宁蒙河套平原、中游汾渭盆地以及下游引黄灌区都是主要的农业生产基地之一。黄河上中游地区仍比较贫困，加快这一地区的开发建设，尽快脱贫致富，对改善生态环境、实现经济重心由东部向中西部转移的战略部署具有重大意义。

据1990年资料统计，12万平方千米的黄河下游防洪保护区，共有人口7801万人，占全国总人口的6.8%。耕地面积10699万亩，占全国的

7.5%。黄河下游防洪保护区是中国重要的粮棉基地之一，粮食和棉花产量分别占全国的7.7%和34.2%，农业产值占全国的8%。区内还有石油、化工、煤炭等工业基地，在中国经济发展中占有重要的地位。

黄河流域经济现状从以下三个方面进行衡量：一是黄河流域经济发展规模，二是黄河流域经济发展结构，三是黄河流域经济发展潜力。

（一）黄河流域经济发展规模

黄河流域流经青海、四川、甘肃、宁夏、内蒙古、陕西、山西、河南、山东9个省份的73个地市（州），黄河流域流经省区面积及地区及人均GDP发展情况如表4－2和4－3所示。

表4－2　黄河流域流经省区面积

流域范围	流域面积（万平方千米）	占全流域面积（%）	占省区面积（%）
青海	15.30	20.1	21.2
山东	1.83	2.3	11.7
宁夏	1.30	1.7	19.7
河南	3.62	4.7	21.6
陕西	13.33	17.5	65.8
山西	9.70	12.7	62.2
内蒙古	15.20	19.9	12.8
四川	1.87	2.4	3.8
甘肃	14.59	19.2	32.0

由表4－2可知，黄河流域流经的省区中，青海的流域面积是最大的，达到15.30万平方千米，占全流域面积的20.1%；流域面积最小的是宁夏回族自治区，流域面积为1.30万平方千米，占流域面积的1.7%。

表4－3　黄河流域流经省区2010年与2019年人均GDP对比

省份	人均GDP（单位：元）	
	2010年	2019年
青海	24115	48981
四川	21182	55774
甘肃	16113	32995

续表

省份	人均 GDP（单位：元）	
	2010 年	2019 年
宁夏	26966	54217
内蒙古	47347	67852
陕西	26388	66649
山西	26397	45724
河南	24516	56388
山东	41527	70653

资料来源：根据《中国统计年鉴》及各省《统计年鉴》整理可得。

由表 4 - 3 可知，黄河流域流经的 9 个省份中，黄河流域流经的市、地、州地区生产总值与其他流域有共同特点：流域上游地区往往是经济欠发达地区，中游地区有所提升，而下游地区往往是整个流域中经济发展最好的，但地处中游的山西要落后于地处上游的青海、四川和宁夏。黄河流域下游地区的山东，2019 年的人均 GDP 高达 70653 元，是上游地区甘肃的 2 倍多。青海虽然是黄河流域流经面积最大的省，但多年来人均生产总值远远落后于山东省。与 2010 年的数据相比，陕西省人均 GDP 的增幅最大，为 40000 元，河南省的增幅大约为 32000 元，山东省的增幅大约为 30000 元，其余省份均为 20000 元上下。

（二）黄河流域经济发展结构

经济结构状况是衡量一个地区发展水平的重要尺度，不同地区，会有很大的经济结构差异，以下采取黄河流域第三产业产值和第三产业产值占比两个指标作为参考。2008—2019 年黄河流域第三产业产值和第三产业产值占比如图 4 - 1 所示。

第三产业的快速发展是社会生产力提高和社会进步的直观反映，同时也符合现代经济的特征，这有利于促进工农业的发展和社会的现代化发展，有利于优化生产结构，缓解就业压力。由图 4 - 2 可知，黄河流域第三产业产值从 2008 年的 30772.81 亿元到 2019 年逐年增加到 125395.8 亿元，第三产业产值的占比也从 2008 年的 34.17% 增加到 2019 年的 50.68%，2009 年到 2010 年下降了 0.34%，但产值仍然上升，说明 2009 年到 2010

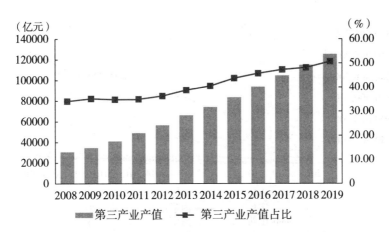

图 4 - 1 2008—2019 年黄河流域第三产业产值和第三产业产值占比

资料来源：根据《中国统计年鉴》《青海省统计年鉴》《四川省统计年鉴》《甘肃省统计年鉴》《宁夏回族自治区统计年鉴》《内蒙古自治区统计年鉴》《陕西省统计年鉴》《山西省统计年鉴》《河南省统计年鉴》《山东省统计年鉴》相关数据整理计算而得。

年第三产业的效率提高。2019 年第三产业的产值占总产值的一半多，这表明黄河流域生产力的快速提高以及社会的迅速进步。

（三）黄河流域经济发展潜力

在评判一个地区的经济状况时，不能仅凭当前的经济状况下定论，同时也应该关注该地区的发展潜力，经济较落后而极具发展潜力的地区，同样具有较强的竞争力。发展潜力的高低没有统一的评判标准，以下将各省区的专利申请量作为参考指标。2011—2019 年黄河流域流经 9 个省份的专利申请量如图 4 -2 所示。

由图 4 -2 可知，下游区山东省的专利申请量呈波浪式增加，2016—2017 年又有所回落，降到 2015 年的水平，但与其他城市相比，仍具有极大的发展潜力。下游区的河南省从 2008 年到 2018 年呈先慢后快的增长趋势，2019 年有所下降，但同样具有较强的竞争力，中游的陕西省呈波浪式缓慢上升，其他所有省区均为缓慢上升（由于黄河流域只经过四川省的阿坝藏族羌族自治州，故四川省的数据不做过多参考）。

由以上对经济发展规模、经济发展结构以及经济发展潜力的概述，我

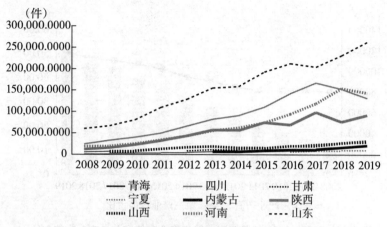

图4-2 2008—2019年黄河流域流经9个省份的专利申请量

资料来源：根据《中国统计年鉴》《青海省统计年鉴》《四川省统计年鉴》《甘肃省统计年鉴》《宁夏回族自治区统计年鉴》《内蒙古自治区统计年鉴》《陕西省统计年鉴》《山西省统计年鉴》《河南省统计年鉴》《山东省统计年鉴》相关数据整理计算而得。

们可以得出，黄河流域下游区流经的省区在这三个方面都优于中上游省区，上游省区的经济发展又弱于中游省区。因此，在接下来的发展战略中，保持下游省区经济领跑的同时，也要加大对中上游省区的投入力度，加快这一地区的开发建设，尽快脱贫致富，对改善生态环境、实现经济重心由东部向中西部转移的战略部署具有重大意义。

三、黄河流域生态环境保护现状

生态环境是人类生存、生产和生活的基本前提，为发展提供了不可或缺的资源和条件。纵观人类的发展历史，可以发现生态环境与历史兴衰之间有着密不可分的关系，即"生态兴则文明兴，生态衰则文明衰"。然而，随着我国经济的快速发展和工业化进程的不断推进，生态环境也遭到了一定的破坏。科技快速发展在方便人类生活的同时，也给我们的环境带来了严重的负担，大量废气和污水的排放，严重影响了生态环境和人们的生活质量，不利于黄河流域经济社会持续稳健发展。

（一）生态环境水平

1. 人均水资源情况

人均水资源指的是在我国可利用的淡水资源平均分配给每一个人的占有量，它是衡量一个国家可利用的水资源量的重要指标。我国水资源并不丰富，虽然淡水资源总量可以达到28000亿立方米，占全球水资源的6%，仅次于巴西，但是人均水资源却极少，在世界上排名88，因此我国是一个严重缺水的国家。如果再减去难以直接利用的洪水径流以及偏远地区的部分水资源，我国的人均水资源将会更少。通过观察我国黄河流域9个省份2008—2019年的人均水资源情况（见表4－4），可以发现我国水资源分布极不均衡，其中宁夏、山西、河南和山东等省份人均水资源偏少，在100～400立方米之间，而青海、四川和内蒙古的人均水资源情况相对较多，大都在1000～3000立方米之间。人均水资源不仅与总量息息相关，也与人口数量有关，由于每个省份的水资源总量和人口数量都存在较大差异，因此不同省份之间的人均水资源量分布不均衡。通过对比，也从侧面反映了人均水资源区域分布与经济发展水平之间成反比例，在经济较为发达的中部地区，人均水资源偏少，而经济欠发达的西部地区人均水资源相对来讲较为丰富。纵向来看，有些省份从2008年到2019年人均水资源呈上升趋势，反映出近些年来节约用水、保护生态文明建设落实得比较到位，而有的省份人均水资源呈下降趋势，应提高保护环境、节约资源的意识。

表4－4　2008—2019年黄河流域人均水资源情况　　单位：立方米

年份	青海	四川	甘肃	宁夏	内蒙古	陕西	山西	河南	山东
2008	11900.5	3061.7	715	149.8	1710.3	809.6	256.9	395.2	350
2009	16113.6	2857.5	794.3	135.5	1563.6	1105.6	250.8	347.6	301.7
2010	13225	3173.5	841.7	148.2	1576.1	1360.3	261.5	566.2	324.4
2011	12956.8	2782.9	945.4	137.7	1691.6	1616.6	347	349	361.6
2012	15687.2	3587.2	1038.4	168	2052.7	1041.9	295	282.6	283.9
2013	11216.6	3052.9	1042.3	175.3	3848.6	941.3	349.6	226.4	300.4
2014	13675.5	3148.5	767	153	2149.9	932.8	305.1	300.7	152.1
2015	10057.6	2717.2	635	138.4	2141.2	881.1	257.1	257.1	171.5

年份	青海	四川	甘肃	宁夏	内蒙古	陕西	山西	河南	山东
2016	10376	2843.3	646.4	143	1695.5	713.9	365.1	354.8	222.6
2017	13188.9	2978.9	912.5	159.2	1227.5	1174.5	352.7	443.2	226.1
2018	16018.3	3548.2	1266.6	214.6	1823	964.8	328.6	354.6	342.4
2019	15182.5	3288.9	1233.5	182.2	1765.5	1279.8	261.3	175.2	194.1

2. 森林覆盖率情况

森林覆盖率指的是一个国家或地区森林面积占土地总面积的比率，是反映森林资源与林地占有率的重要指标，同时也能反映森林资源的丰富程度以及生态环境是否平衡。被誉为"地球之肺"的森林具有十分丰富的物种，多种多样的功能，同时也是有效应对气候变化的有效途径。我国虽然国土辽阔，地大物博，但是森林面积较少，森林覆盖率较低，并且不同地区之间存在着较大的差异。由表4-5可以看出，我国的森林资源大多集中在东北、西南等偏远地区，例如，四川省的森林覆盖率在30%~40%，而大西北森林资源却极为匮乏，青海和宁夏的森林覆盖率仅有4%~10%。森林资源作为生态环境中重要的组成部分，其对环境的影响不容忽视。多年来，我国政府积极号召全社会退耕还林，投入大量资金来维护森林资源，促进森林建设，通过观察黄河流域9个省份从2008年到2019年的森林覆盖率情况可以发现，我国的森林覆盖率在逐步增加。近五年来，我国开展了新一轮的退耕还林计划，取得了初步成效，先后完成了6个百万亩防护林基地建设，同时造林面积达到5974亩。在今后的五年，我国将继续启动全面的绿化行动，持续增加森林资源总量，进一步提高人均森林面积。

表4-5　2008—2019年黄河流域森林覆盖率　　　　　　单位:%

年份	青海	四川	甘肃	宁夏	内蒙古	陕西	山西	河南	山东
2008	4.57	34.31	10.42	9.84	20	37.26	14.12	20.16	16.72
2009	4.57	34.31	10.42	9.84	20	37.26	14.12	20.16	16.72
2010	4.57	34.31	10.42	9.84	20	37.26	14.12	20.16	16.72
2011	4.57	34.31	10.42	9.84	20	37.26	14.12	20.16	16.72

年份	青海	四川	甘肃	宁夏	内蒙古	陕西	山西	河南	山东
2012	4.57	34.31	10.42	9.84	20	37.26	14.12	20.16	16.72
2013	5.63	35.22	11.28	11.89	21.03	41.42	18.03	21.5	16.73
2014	5.63	35.22	11.28	11.89	21.03	41.42	18.03	21.5	16.73
2015	5.63	35.22	11.28	11.89	21.03	41.42	18.03	21.5	16.73
2016	5.63	35.22	11.28	11.89	21.03	41.42	18.03	21.5	16.73
2017	5.63	35.22	11.28	11.89	21.03	41.42	18.03	21.5	16.73
2018	5.82	38.03	11.33	12.63	22.1	41.42	18.03	24.14	17.51
2019	5.82	38.03	11.33	12.63	22.1	43.06	20.5	24.14	17.51

3. 用水消耗量情况

用水消耗量指的是生活中的毛用水在用水的整个过程里被热气蒸发、地表吸收、物品消耗以及人类和动物饮用等不能再次循环到地表以下的水资源。水作为人类生存所必要的条件，与我们的生活息息相关。我们对黄河流域的用水消耗量进行了调查，分析各个地区的用水消耗量，有利于制定保护环境、节约用水相关政策工作的落实和推进。通过对黄河流域 9 个省份的用水消耗量进行分析，可以发现不同地区之间差异较为明显。其中，四川、河南、山东、甘肃和内蒙古的用水消耗量比较大，都在 100 亿立方米以上，而青海、陕西、山西和宁夏的用水消耗量较小，大都在 100 亿立方米以内（见图 4-3）。纵向来看，2008—2019 年，青海、甘肃、宁夏 3 个省份的用水消耗量在逐年下降，说明这些省份保护资源、节约用水工作得到了落实。而剩余 6 个省份的用水消耗量还在逐年上升，这些省份还需要进一步提高相关意识。将黄河流域 9 个省份从 2008 年到 2019 年的用水消耗量加总起来可以发现，整个流域用水量之间差异较大，且总量规模巨大，黄河流域的水资源供不应求。

4. 二氧化硫排放量情况

二氧化硫是一种无色具有强烈刺激性气味的气体，易溶于人体的体液和其他黏性液中，长期摄入二氧化硫会导致多种疾病。二氧化硫排放量指的是企业在燃料燃烧和生产工艺的过程中排入到大气中的二氧化硫的数

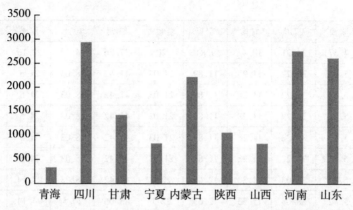

图 4 − 3 2008—2019 年黄河流域 9 个省份用水消耗总量

量。随着经济的快速发展和工业化进程的推进，我们赖以生存的大自然也遭到了破坏，科技的进步一方面方便了人类的生活，但同时一些有害气体和工业废水的排放也严重危害了我们的日常生活。研究发现，自 2007 年以来，我国二氧化硫排放量下降了 75%，中国的年均二氧化硫排放在 2007年达到峰值 3660 万吨，随后总体呈现出逐年下降的趋势。2016 年，我国的二氧化硫排放总量为 840 万吨，仅为 2005 年排放量的 26%。而基于此前的相关研究和预测，中国要发展到 2030 年才能达到这样的成绩，这也反映了我国环保工作的成效。通过对黄河流域 2008—2019 年 9 个省份的二氧化硫排放量进行调查分析，发现这些省份的二氧化硫排放量呈逐年递减趋势，尤其是从 2015 年开始，这些地区二氧化硫排放量开始迅速下降，其中内蒙古、山西和河南最为显著。山西 2015 年的二氧化硫排放量是 112.1 万吨，而 2016 年直接下降到 68.6 万吨，下降了 38.8%。内蒙古 2015 年的二氧化硫排放量为 123.1 万吨，2016 年下降到 62.6 万吨，下降了 49.1%。河南省 2015 年的二氧化硫排放量为 114.4 万吨，2016 年下降到 41.4 万吨，下降了 63.8%。这些数据充分表明，中国自 21 世纪初期以来采取的脱硫，制定减排目标和排放标准等政策卓有成效。

（二）生态资源利用

随着社会的发展，城市水资源短缺的压力逐渐增大。要解决城市用水问题就要从源头上找方法，我们要充分认识到水资源的循环发展情况，合理地利用水资源，使上游地区的用水循环不影响下游地区的用水情况，要遵循水资源发展的客观规律。其中的办法就是要转变用水模式，对污水进行处理循环使用。近年来，城市污水的日处理能力也得到了提高。通过整理黄河流域的9个省份从2008年到2018年的城市污水日处理能力，发现山东省的处理能力最强，而青海和宁夏的城市污水日处理能力相对来讲较差（见表4-6），这也与当地的经济发展相关。除此之外，黄河流域的9个省份在城市污水处理方面都呈现出良好的态势，城市污水日处理能力逐年上升。

表4-6 2008—2018年黄河流域城市污水日处理能力　单位：万立方米

	青海	四川	甘肃	宁夏	内蒙古	陕西	山西	河南	山东
2008	17.8	324.6	152	70	119.2	157.1	175.9	423.5	779.8
2009	17.8	352.4	115	70	136.7	171.8	174.2	448.3	767.7
2010	19.8	373.3	108.3	80.5	155.5	209.3	187.8	488.4	824.1
2011	32.1	391	136.5	80.5	158.4	212.5	196	498.3	895.4
2012	32.1	403.1	159.1	79.5	167.4	227.2	190.1	527.8	954
2013	34.2	444	166.5	83.5	171.4	250.2	179.8	537.8	872.2
2014	34.2	527.6	161	65.5	189.5	280.5	208.5	562.8	935.1
2015	41.9	565.9	160.8	82	212	337.5	244.9	649.8	1004.2
2016	51.8	609.5	131.7	91	245.5	348	257.9	679.7	1069.9
2017	44.4	670.5	142.9	92.5	248.1	304	257.1	743.8	1156.4
2018	47.8	708.8	153.3	100	240.6	390.3	271.2	793.8	1223.1

（三）资源环境保护

生活垃圾无害化处理率指的是无害处理的城市市区垃圾数量占市区生活垃圾产生量的百分比。为了促进经济社会可持续发展，垃圾分类已经成为我们生活中不可或缺的一部分。每天大量的自然资源被消耗并产生各种各样的垃圾，如果这些垃圾得不到有效的处理，将会造成十分严重的后果。而随着经济的不断发展，垃圾产生量也在逐年增加，在经济快速发展的同时，保护生态环境的关键在于合理的处理这些垃圾。目前，我国的生活垃圾无害化处理率达到96.6%，在这些处理方法中，焚烧约占41%，填埋大约占比56%，到2020年，城市生活垃圾无害化处理率将达到98%以上，在此之中 95% 的年农村生活垃圾也会得到有效处理。黄河流域各个省份的生活垃圾无害化处理情况都比较良好，并且逐年上升，2008 年，各省的有害垃圾处理率都不高，普遍在 70% 左右，但是到 2019 年，各省的有害垃圾处理率都能达到 90% 以上，2014—2018 年山东省生活垃圾无害化处理率达到了 100%。

四、黄河流域社会生活质量现状

社会生活质量测度居民在社会生活中获得各种福利的综合水平，是反映社会生活水平的重要指标。社会生活质量与我们日常所说的生活水平不一样，生活质量是对人们生活好坏程度的一个衡量，社会生活质量综合反映了人们生存和发展各方面需要的获得感和满意程度。社会生活质量的高低没有一个统一的评判标准，一般来说，从以下三个方面来衡量：一是通过基础公共服务来衡量，二是通过基础设施建设来衡量，三是通过居民生活水平来衡量，这三个方面共同反映了黄河流域社会生活质量的发展水平。

（一）基础公共服务

基础公共服务是为实现人的全面发展所需要的基本社会条件，主要包括义务教育、公共卫生和基本医疗、基本社会保障、公共就业服务等。随着经济的发展和人民生活水平的提高，一个社会基本公共服务的范围会逐步扩展，水平也会逐步提高。以下采取两个指标作为参考，机构床位数表征医疗水平，公共图书馆总藏量代表教育水平，黄河流域的总体基础公共服务概况如表 4 − 7 所示。

表 4 − 7　2010 年与 2019 年黄河流域基础公共服务概况对比

	每千人口卫生机构床位数（张）		公共图书馆总藏量（万册件）	
	2010 年	2019 年	2010 年	2019 年
青海	3.72	6.82	357	494
甘肃	3.33	6.84	1041	1700
四川	3.35	7.54	2599	4172
宁夏	3.68	5.90	462	749

	每千人口卫生机构床位数（张）		公共图书馆总藏量（万册件）	
	2010 年	2019 年	2010 年	2019 年
内蒙古	3.81	6.34	940	1996
山西	4.49	5.86	1208	2026
陕西	3.67	6.86	1127	2097
河南	3.03	6.64	1837	3409
山东	4.01	6.25	3636	6616

数据来源：中国统计年鉴 2011、中国统计年鉴 2020.

由表 4-7 可知，2010—2019 年，随着经济的发展，黄河流域的基础公共服务概况发生了很大的变化。由卫生机构床位数的数据可以看出，黄河流域上游的青海、甘肃、四川发展较为显著，几乎翻了一倍，下游的几个省份发展较为缓慢，但总体发展状况与黄河流域其他省份相当。由公共图书馆总藏量的数据可以看出，在黄河流域的 9 个省份中，山东的教育水平发展仍处于"领头羊"状态，各个省份十年间总藏书量几乎都翻了一倍，上游区域的整体教育水平落后于中下游区域。

（二）基础设施建设

基础设施建设是为直接生产部门和人民生活提供共同条件和公共服务的设施，主要包括居住建筑项目、商用建筑项目、能源动力项目、交通运输项目、环保水利项目和邮电通讯。它是一切企业、单位和居民生产经营工作和生活的共同的物质基础，是城市主体设施正常运行的保证。黄河流域流经的 9 个省份的基础设施建设现状如表 4-8、表 4-9 所示。

表 4-8　2010 年黄河流域基础设施建设概况

	高速公路总里程（千米）	铁路营业里程（千米）	全社会用电量（亿千瓦小时）
青海	235	1863	465
甘肃	1993	2441	804
四川	2682	3549	1549
宁夏	1159	1248	547
内蒙古	2365	8947	1537

续表

	高速公路总里程 （千米）	铁路营业里程 （千米）	全社会用电量 （亿千瓦小时）
山西	3003	3752	1460
陕西	3403	4079	859
河南	5016	4282	2354
山东	4285	3833	1460

数据来源：中国统计年鉴 2011、中国统计年鉴 2020。

表 4-9　2019 年黄河流域基础设施建设概况

	高速公路总里程 （千米）	铁路营业里程 （千米）	全社会用电量 （亿千瓦小时）
青海	3198	2449	716
甘肃	3775	4830	1288
四川	6961	5242	2636
宁夏	1678	1553	1084
内蒙古	6467	13016	3653
山西	5649	5890	2262
陕西	5526	5419	1683
河南	6618	6467	3364
山东	6199	6633	6219

数据来源：中国统计年鉴 2011、中国统计年鉴 2020。

从表 4-8 和表 4-9 的数据可以看出，在黄河流域经济发展的这十年间，内蒙古的基础设施建设飞速发展，基础设施水平几乎翻了一倍，这与其地域辽阔有着密切的关系。青海和宁夏无论是从高速公路总里程、铁路营业里程，还是全社会用电量都在 9 个省份中处于较低水平，但也处于较快发展当中。总体上讲，黄河流域的上游省级行政区的基础设施建设仍低于下游的几个省级行政区，这与对外开放程度的不同有着密切关系。

（三）居民生活水平

居民生活水平主要围绕"需要、工作、生活、收入、消费"等层面，是指与人们的收入水平或消费水平相关的物质和精神生活的客观条件或环境的变化，黄河流域的经济发展为这个区域的人民生活带来了改变。城镇登记失业率是评价一个地方就业情况的主要指标，反映了一定时期内可以参加社会劳动的人数中实际失业人数所占的比重，如表4－10所示。

表4－10　2015—2019年黄河流域城镇登记失业率　　　　单位:%

	青海	甘肃	四川	宁夏	内蒙古	山西	陕西	河南	山东
2015	3.20	2.14	4.12	4.02	3.65	3.50	3.36	2.96	3.35
2016	3.12	2.20	4.15	3.92	3.65	3.52	3.30	3.00	3.46
2017	3.05	2.71	4.01	3.87	3.63	3.43	3.28	2.76	3.40
2018	2.97	2.78	3.47	3.89	3.58	3.26	3.21	3.02	3.35
2019	2.24	3.00	3.31	3.74	3.70	2.71	3.23	3.17	3.29

数据来源：中国统计年鉴（2016—2020年）。

从表4－10可以看出，随着黄河流域经济的发展，沿线各省的城镇登记失业率呈递减趋势。根据《2019年政府工作报告》可知，城镇登记失业率的目标为4.5%以内，又根据2020年国务院公布的《2019年＜政府工作报告＞量化指标落实情况》可知，2019年的实际城镇登记失业率为3.62%。黄河流域沿线的9个省份全都完成了目标任务，除黄河流域上游的宁夏和内蒙古略高于实际城镇登记率外，其余各省份均低于实际城镇登记率，其中最低的达到2.24%。根据总体发展趋势可以看出，除甘肃和山西外，其余省份的城镇登记失业率均下降，山西、四川、甘肃和青海下降的幅度较大。由此说明，中上游区域的省份就业情况不稳定。除城镇登记失业率这个指标之外，居民人均消费支出也与人民生活水平息息相关，黄河流域近五年的居民人均全年消费支出如表4－11所示。

表4－11　2015—2019年黄河流域居民人均全年消费支出　　　单位：亿元

	青海	甘肃	四川	宁夏	内蒙古	山西	陕西	河南	山东
2015	888.7	3079.8	12073.4	1143.92	5225.24	5251.4	5813.4	13720.9	20208.3
2016	989.9	3408.4	13183.4	1246.7	5608.0	5533.2	6334.6	15250.8	25593.4
2017	1073.8	3718.2	14841.1	1428.5	6035.6	6694.3	7068.6	17029.7	28285.4
2018	1181.47	14624	17663.6	16715.1	19665.2	14810.1	16159.7	15168.5	18779.8
2019	17544.8	15879.1	19228.3	18296.8	20743.4	15862.6	17464.9	16331.8	20427.5

数据来源：中国统计年鉴（2016—2020年）。

由表4－11可以看出来，9个省份中内蒙古和山东的居民人均消费支出名列前茅，山东较为稳定，居民人均全年消费支出一直处于 2 万亿元左右，而内蒙古发展迅速，从 2015 年的 5225.24 亿元迅速发展到了 20743.4 亿元。2015 年，9 个省份之间的差距还较为明显，随着黄河流域经济的发展，这几个省份之间的差距不断缩小。

由以上对黄河流域社会生活质量的现状分析可以得出，黄河流域中上游省份的总体社会生活质量低于下游区域，但各个省区的总体社会生活质量都有大幅度提高。

第二节　黄河流域生态保护与高质量发展的实证分析

一、指标选取

（一）指标构建

通过借鉴徐辉（2020）、张合林等（2020）的研究成果，并在此基础上遵循严谨性、全面性、合理性的原则，从经济发展、生态保护和社会生活质量入手，构建涵盖 3 个维度 9 个一级指标 24 个二级指标的科学系统的黄河流域河南域段生态保护与高质量发展指标评价体系，指标的选取以能够全面反映黄河流域河南域段生态保护与高质量发展为原则，具体指标选取情况参见第二章表 2－1。

（二）资料来源

本章使用到的数据均来自《中国统计年鉴》 （2009—2020 年）、2009—2020 年《青海统计年鉴》、《四川统计年鉴》、《甘肃统计年鉴》、《宁夏统计年鉴》、《内蒙古统计年鉴》、《陕西统计年鉴》、《山西统计年鉴》、《河南统计年鉴》、《山东统计年鉴》和 2009—2020 年各地州、市的《环境公报》，并有部分数据源自各地统计局的环境年鉴。

二、研究方法

本书运用了熵权法、耦合度模型、耦合协调度模型等研究方法和数学模型，对黄河流域生态保护与高质量发展耦合协调的时空发展特征进行科学的测度与评价。

（一）熵权法

熵权法是一种客观赋权的评价方法，利用各指标值的差异程度来计算各指标的权重，根据各指标之间的关联度和重要性来决定其权重，能够有效地避免由于主观因素产生的偏差。

具体评价步骤如下：

（1）对原始数据进行整理，设有 m 个评价对象，n 个评价指标，形成如下原始数据矩阵：

$$X = \begin{bmatrix} x_{11} & x_{12} & & x_{1n} \\ & & \cdots & \\ x_{21} & x_{22} & & x_{2n} \\ \vdots & & \ddots & \vdots \\ x_{m1} & x_{m2} & \cdots & x_{mn} \end{bmatrix} = (X_1, X_2, \cdots, X_n) \qquad (4-1)$$

式（4-1）中，x_{ij}（$i=1, 2, \cdots, m$；$j=1, 2, \cdots, n$）表示第 i 个评价对象在第 j 项指标中的数值；X_j（$j=1, 2, \cdots, n$）表示第 j 项指标的全部评价对象的列向量数据。

由于各指标的量纲、数量级均存在差异，所以需要对各指标进行无量纲化处理，以消除因量纲不同对评价结果造成的影响。采用极差标准化对原始数据进行归一化处理：

$$正向指标：X'_{ij} = \frac{x_{ij} - \min_i\{x_{ij}\}}{\max_i\{x_{ij}\} - \min_i\{x_{ij}\}}$$

$$负向指标：X'_{ij} = \frac{\max_i\{x_{ij}\} - x_{ij}}{\max_i\{x_{ij}\} - \min_i\{x_{ij}\}}$$

（2）计算第 i 个评价对象的第 j 项指标 X'_{ij} 占该指标的比重 y_{ij}，并由此得到比重矩阵 $Y = (y_{ij})_{m \times n}$。

$$y_{ij} = \frac{X'_{ij}}{\sum_{i=1}^{m} X'_{ij}}$$

$$(j = 1, 2, \cdots, n) \qquad (4-2)$$

（3）计算第 j 项指标的信息熵 e_j：

$$e_j = -K \sum_{i=1}^{m} y_{ij} \ln y_{ij}$$

$$(j = 1, 2, \cdots, n) \qquad (4-3)$$

式（4-3）中，$K = \dfrac{1}{\ln m}$ 为非负常数，且 $0 \leqslant e_j \leqslant 1$；并规定当 $y_{ij} = 0$

时，$y_{ij} \ln y_{ij} = 0$。

（4）计算第 j 项的差异系数 d_j：

$$d_j = 1 - e_j$$

$$(j = 1, 2, \cdots, n)$$

（5）计算第 j 项指标的权重 ω_j：

$$\omega_j = \frac{d_j}{\sum\limits_{j=1}^{n} d_j} = \frac{1 - e_j}{n - \sum\limits_{j=1}^{n} e_j}$$

$$(j = 1, 2, \cdots, n)$$

（6）计算第 i 个评价对象的综合发展指数 u_i：

$$u_i = \sum_{j=1}^{n} y_{ij} \omega_j$$

$$(i = 1, 2, \cdots, n)$$

（二）耦合协调度模型

1. 耦合度模型

耦合度在判断经济发展、生态保护、社会生活质量的耦合关系作用强弱和在对耦合作用的时空演变上，均显示出重要的现实意义。

$$C = 3 \left[\frac{u_1 u_2 u_3}{(u_1 + u_2 + u_3)^3} \right]^{\frac{1}{3}} \qquad (4-4)$$

其中，C 表示经济发展、生态保护和社会生活质量三个维度的耦合度，取值范围在 $0 \sim 1$，既 $C \in [0,1]$。u_1、u_2、u_3 分别表示经济发展、生态保护和社会生活质量三个子系统的综合发展指数。

2. 耦合协调度

耦合度虽能反映经济发展、生态保护和社会生活质量之间的相互作用程度，但不能表征三者之间是在高水平上相互促进还是低水平上相互制约，因此，本书引入耦合协调度以构建黄河流域生态保护与高质量发展耦合协调度模型：

$$D = [C \times T]^{\frac{1}{2}}$$

$$T = a u_1 + b u_2 + c u_3，其中 a = b = 0.3，c = 0.4 \qquad (4-5)$$

其中，D 为耦合协调度；C 为耦合度；T 代表经济发展、生态保护和社会生活质量的系统综合发展指数，反映了经济发展、生态保护和社会生活质量三个子系统整体发展水平对耦合协调度的贡献；u_1、u_2、u_3 分别表示经济发展、生态保护和社会生活质量三个子系统的综合发展指数；a、b、c 分别表示经济发展、生态保护和社会生活质量的待定系数，且 $a + b + c = 1$，在这里令 $a = b = 0.3$，$c = 0.4$。

本书借鉴以往学者的研究成果，将黄河流域生态保护与高质量发展耦合协调度分为 5 个阶段，如表 4-12 所示。

表 4-12　黄河流域生态保护与高质量发展的耦合度和耦合协调度类型划分

耦合协调度	耦合协调类型	特征
$D \in (0, 0.2]$	低度协调阶段	黄河流域经济发展主要以牺牲生态资源为代价，导致经济发展低效率增长的同时，生态环境遭到了一定的破坏，居民的生活环境恶化，社会生活质量整体下降，三者的发展处于恶性循环
$D \in (0.2, 0.4]$	初度协调阶段	经济发展、生态保护和社会生活质量耦合协调度略有上升，处于初度协调阶段，经济发展、生态保护和社会生活质量开始有相互促进、协调发展的趋势
$D \in (0.4, 0.6]$	中度协调阶段	经济发展、生态保护和社会生活质量耦合协调度处于中度协调阶段，表明经济发展、生态保护和社会生活质量之间的协同发展作用已越来越明显
$D \in (0.6, 0.8]$	高度协调阶段	经济发展、生态保护和社会生活质量处于高度协调阶段，耦合协调水平较高，并初步形成了相互影响、相互促进的良性耦合协调发展局面
$D \in (0.8, 1]$	极度协调阶段	经济发展、生态保护和社会生活质量处于极度协调阶段，最终三者呈螺旋式上升发展，进而带动整个区域的高质量发展

三、黄河流域生态保护与高质量发展耦合协调研究

（一）黄河流域生态保护与高质量发展耦合协调时序分析

为考察黄河流域各省份生态保护与高质量发展耦合协调度随时间的演进变化，分别对黄河流域9个省份2008—2019年的指标数据进行测度，最终结果如表4-13所示。从整体上来看，黄河流域9个省份生态保护与高质量发展的耦合协调度随着时间的推移，呈逐年上升态势。2008年，黄河流域9个省份中耦合协调度最高的省份为宁夏，为0.266，处于初度协调阶段，最低的省份为河南，仅为0.076，其余省份也大都处于低度协调阶段。黄河流域9个省份经济发展、生态保护和社会生活质量三者间的协同发展作用较差。2019年，黄河流域9个省份均处于极度协调发展阶段，这得益于各省份发展观念的转变。进入21世纪以来，我国经济得到飞速增长，但经济发展与生态保护之间的矛盾日益加剧，从科学发展观坚持的可持续发展，到"金山银山不如绿水青山"的人与自然和谐共处的生产生活方式，各省份也开始了从一味强调经济发展到在生态环境允许的情况下进行生产经营的经济增长方式的转变，从而实现经济飞速增长，社会生活质量提升的同时，生态环境也得到了较好的改善。

2008—2019年，黄河流域9个省份耦合协调度增长程度最大的是河南，由2008年的0.076上升到2019年的0.926。主要原因在于9个省份中，河南一直都是人口大省，尽管耕地面积较大、水资源充足、GDP总量常年位于国内各省前列，但人均耕地面积、人均水资源量、人均GDP都不高。随着河南省近十年的发展，在充分发挥人力资本的前提下，争做制造业大省，经济增长率持续提升，基础公共服务和基础设施建设等方面得到完善，社会生活质量得到显著提升，经济发展、生态保护和社会生活质量三个方面的协同发展作用越来越明显。

表4-13 黄河流域生态保护与高质量发展的耦合协调度时序分析

年份	青海	四川	甘肃	宁夏	内蒙古	陕西	山西	河南	山东
2008	0.123	0.085	0.210	0.266	0.082	0.155	0.224	0.076	0.131

续表

年份	青海	四川	甘肃	宁夏	内蒙古	陕西	山西	河南	山东
2009	0.368	0.298	0.313	0.294	0.325	0.334	0.278	0.259	0.268
2010	0.492	0.462	0.385	0.392	0.433	0.433	0.395	0.396	0.396
2011	0.461	0.543	0.450	0.482	0.510	0.555	0.547	0.495	0.520
2012	0.527	0.640	0.538	0.556	0.617	0.605	0.625	0.592	0.609
2013	0.515	0.654	0.609	0.609	0.638	0.655	0.700	0.643	0.671
2014	0.580	0.704	0.686	0.633	0.667	0.697	0.729	0.697	0.713
2015	0.611	0.724	0.702	0.655	0.699	0.753	0.725	0.737	0.731
2016	0.689	0.759	0.783	0.736	0.780	0.807	0.797	0.820	0.809
2017	0.757	0.827	0.818	0.798	0.824	0.847	0.832	0.878	0.855
2018	0.804	0.919	0.913	0.948	0.896	0.908	0.922	0.917	0.920
2019	0.893	0.921	0.918	0.920	0.908	0.954	0.887	0.926	0.906

（二）黄河流域生态保护与高质量发展耦合协调空间分析

从空间的角度，对2008—2019年黄河流域9个省份生态保护与高质量发展耦合协调度进行测算，结果如表4-14所示。从整体上来说，黄河流域9个省份的耦合协调度呈"西低东高"的空间分布特征。河南、山东的耦合协调度较高，均处于高度协调阶段和极度协调阶段，青海、甘肃的耦合协调度则较低，这说明相对于上游地区，下游地区在经济发展、生态保护与社会生活质量的协同发展上表现突出，其主要原因在于黄河上游和下游地区之间的生产生活方式差异较大。上游青海、四川部分地区和甘肃均为海拔较高的高原地区，多山且少雨，经济发展多是依靠以畜牧业为主的第一产业，经济发展增速缓慢，社会生活质量提升难度较大，经济发展、生态保护和社会生活质量协同发展的难度较大，而下游的河南、山东地处平原地区，气候宜居、交通便利、劳动力资源充足，三大产业结构合理且发展迅速，第三产业产值占比逐年上升。

2019年，黄河流域9个省份耦合协调度均处于中度协调阶段以上，平均值为0.583。其中，最高为山东，达0.817，处于极度协调阶段，远远高于其他8个省份。剩余8个省份中，四川、陕西、河南3个省份的耦合协调度高于9个省份的平均值，青海、甘肃、宁夏、内蒙古、山西5个省份的耦合协调度则低于平均值。

表 4 – 14　黄河流域生态保护与高质量发展的耦合协调度空间分析

年份	2008	2009	2010	2011	2012	2013	2014	2015	2016	2017	2018	2019
青海	0.399	0.424	0.574	0.384	0.386	0.363	0.354	0.378	0.366	0.401	0.402	0.455
四川	0.671	0.671	0.639	0.679	0.681	0.666	0.669	0.683	0.688	0.699	0.764	0.713
甘肃	0.430	0.430	0.399	0.423	0.420	0.459	0.449	0.438	0.425	0.445	0.472	0.419
宁夏	0.426	0.377	0.354	0.393	0.386	0.408	0.392	0.377	0.384	0.393	0.399	0.405
内蒙古	0.530	0.563	0.538	0.584	0.589	0.601	0.592	0.576	0.583	0.565	0.563	0.580
陕西	0.570	0.586	0.558	0.625	0.609	0.607	0.603	0.617	0.611	0.622	0.628	0.624
山西	0.608	0.566	0.535	0.589	0.604	0.624	0.630	0.626	0.609	0.571	0.598	0.566
河南	0.683	0.665	0.620	0.662	0.655	0.651	0.649	0.655	0.669	0.704	0.731	0.664
山东	0.852	0.837	0.769	0.823	0.805	0.812	0.802	0.806	0.815	0.824	0.817	0.817

第三节　黄河流域生态保护与高质量发展存在的问题

　　新中国成立以来，我国开展了大量的黄河生态治理工作，极大地推动了流域经济的发展，取得了万众瞩目的成就。然而，随着流域经济的发展进入到新阶段，传统的经济发展方式不再适用，黄河流域经济发展中存在的各种问题也逐渐凸显。黄河流域的上游区农业、工业对水资源污染严重，流域资源过度开发，黄河水位大幅度下降，水土流失严重，极大地制约了流域流经省区经济的可持续发展。上下游经济发展差距较大，各省区的经济不能协同发展，且经济落后的省区也不具备较强的发展潜力，经济发展结构仍需优化。推动黄河流域生态保护和高质量发展，是事关中华民族伟大复兴的千秋大计，在郑州召开的黄河流域生态保护和高质量发展座谈会上，习近平同志提出"积极探索富有地域特色的高质量发展新路子"，还明确提出了流域治理的分工细则和任务目标，传统的黄河治理方法已无法适应国家战略的要求，因此，实现流域经济发展利益共建共享，推动流域上下游协调发展，完善流域治理体系和流域经济发展现代化，充分发挥市场在资源配置中的决定作用，更好发挥政府作用，是摆在我们面前最为艰巨的任务。

一、水资源供需矛盾突出

（一）水土流失问题严重

黄河流域是我国生态脆弱区分布最广、脆弱生态类型最多、生态脆弱性表现最明显的流域之一，水土流失一直是黄河流域治理中十分突出的问题，2019 年流域有近一半的水土流失面积尚未得到有效治理，其中 7.86 万平方千米多沙粗沙区自然条件十分恶劣，尤其是 1.88 万平方千米的粗泥沙集中来源区治理难度更大。[①] 黄河流域水土流失问题覆盖范围广、面积大、上下游侵蚀情况多样、治理难度大，近年来极端气候灾害的影响给黄河流域附近地区经济发展带来极大的阻碍。在"黄河流域生态保护与高质量发展"战略支撑下，解决好黄河流域泥沙治理问题，做好黄河流域水土保持工作，改善黄河流域生态环境，提升黄河流域生态多样性是刻不容缓的。

（二）水资源供给与需求失衡

黄河流域的水资源主要由自有水资源和外来水资源组成，自有水资源是指黄河流域的下雨降水、冰川融化、地表水和地下水等。外来水资源主要指通过人工修建大型水利设施从水资源丰富的地区调往水资源短缺的地区的水。但是，自有水资源仍是黄河流域水资源总量的决定性因素，外来水资源所占的份额非常微小。近年来，随着科技的快速发展和城镇化进程的加快，人类活动对气候的影响越来越大，黄河流域的气候和生态环境也发生了巨大的变化。根据过去 50 年内对黄河流域的监测情况显示，整个流域的径流量在不断减少，气候也逐渐干燥。数据显示，黄河流域降水量偏少，根据 2000—2019 年黄河流域的降水量情况，多年平均降水量维持在446 毫米。降水量的地域分布趋势由东南向西北递减，降水较多的地区为流域东南部湿润、半湿润地区，例如秦岭、伏牛山及泰山一带，该地区的

---

① 牛玉国,王煜,李永强,等. 黄河流域生态保护和高质量发展水安全保障布局和措施研究 [J]. 人民黄河,2021,43(8):1-6.

年降水量达到 800 毫米。而整个流域的北部干旱地区降水量较少，例如，宁蒙河段平均年降水量仅 200 毫米。因此，总体来看，黄河流域的水资源供给短缺。

与此相对应，黄河流域的水资源需求十分旺盛，包括与人民生活息息相关的城乡居民用水、农业灌溉用水以及社会发展所需要的工业用水。其中，农业灌溉用水所占比例较大。近年来，随着工业革命进程的加快和经济的快速发展，各种用水需求不断增加。数据显示，黄河流域 2010 年的水资源需求量为 650 亿立方米，而 2020 年的用水需求量上涨到 721 亿立方米，增长了 10.9%。而黄河流域的水资源供给却呈逐年下降的趋势。因此，目前黄河流域的水资源呈现出供不应求的状态。

二、环境污染严重

黄河被誉为中华民族的"母亲河"，同时也是华夏文明的发源地，对我国经济和社会的发展尤为重要。然而，近年来，随着科技的快速发展和工业革命进程的加快，黄河流域的生态环境遭到了一定的破坏。数据显示，2008—2015 年整个黄河流域的二氧化硫排放量不断增加，2015—2019 年虽然有小幅度下降，但是总量依旧十分庞大。二氧化硫对人体危害巨大，一旦被人体吸收进入血液就会对身体产生副作用。同时，二氧化硫也是造成酸雨的重要原因，酸雨对地球生态环境和人类生活发展十分不利。资料显示，酸雨不仅对树木、建筑、土壤、水体、历史古迹有侵蚀危害，还会造成严重的经济损失，甚至危及人类的生存和发展。

除此之外，近年来氮氧化物的排放量也呈直线上升的趋势，氮氧化物绝大部分来源于机动车的尾气排放，通过雨水落在河流、海洋中进入到地下水层，造成水体的富营养化，富营养化进一步在土壤中发生化学变化，进而造成土壤酸化甚至导致生态系统的失衡。二氧化硫、氮氧化物以及其他废气废水的排放严重污染了黄河流域的生态环境，对整个流域的人民生活质量和经济发展产生了十分不利的影响。

三、黄河流域区域发展差距较大

（一）黄河流域发展不平衡

黄河流域流经 9 个省份，横跨我国的东部、中部、西部三大区域，多种因素结合使黄河流域总体上呈现出"上游落后、中游兴起、下游发达"的格局。从 2019 年各地区的生产总值可以看出，位于上游区域的青海、甘肃地区生产总值位列全国后 5 位，而位于下游区域的山东、河南地区生产总值位列全国前 5 位，山东省的人均 GDP 也比上游的多个省份高出许多，黄河流域源头的青海玉树州与下游的山东东营市人均地区生产总值相差超过 10 倍。这种东西分化的局面反映了黄河流域各省份之间缺乏协同，发展不平衡，区域合作较少。并且黄河流域大部分地区处于内陆，通航能力较差，这也阻碍了区域之间的资源整合，造成东中西部发展差距。无论是从经济发展方面还是社会生活质量方面，黄河流域的上中下游都存在着发展不平衡、不协调的问题。

（二）黄河流域发展质量有待提高

黄河流域相对于长江流域没有地缘优势，难以发挥资源整合，因此黄河流域的整体发展质量低于长江流域。经济的落后导致高层人才流失，从而导致黄河流域的经济创新能力弱。一方面，黄河流域的对外开放程度较低。据统计，2018 年 9 个省份货物进出口总额仅占全国的 12.3%。其中，青海、宁夏与发达地区相差甚远，而河南、陕西等地区也存在对外贸易量不足的问题。另一方面，相比发达地区，黄河流域的研发投入强度较低，2019 年全国的 R&D 经费为 22143.6 亿元，黄河流域 9 个省份的 R&D 经费为 4267.6，仅占比约 19.3%，且山东的 R&D 经费占黄河流域 R&D 经费总量的 35%。研发投入强度低就会导致新兴产业发展滞后，经济难以高质量发展。黄河流域的民生问题也十分突出，人均可支配收入低于全国平均水平，医疗、教育等基础公共性服务设施不能满足人民群众的需求。由此可见，黄河流域的发展质量有待提高。

四、旅游产业开发不足

黄河流域的旅游业发展正处于碎片化状态，9 个省份之间的协同性较差，尚未形成真正意义上的旅游区。优质的文化资源没有得到较好的传播，旅游方面的经费较少，知名度较高的景区也较少，各类文化遗产分布较分散。与经济发展水平相似，黄河流域的经济发展水平也出现了东西分化、西低东高的格局，上游省份的旅游发达程度普遍低于下游城市，各省份之间的旅游产业协同机制尚未形成，处于较为分散的状态，这给当地的文化环境带来了冲击，也阻碍着黄河流域高质量发展。

第五章 政府间水环境保护的博弈

水环境是众所周知的环境基本要素之一，作为与人类社会生存与发展联系最密切的场所，同时也是受人类生产与消费影响和破坏最为严重的地域，水环境的污染与破坏已成为人类社会主要的环境问题之一。从前文的讨论可知，西江流域水环境质量下降、水资源短缺问题已出现，加强对流域统一管理，实现流域经济综合发展势在必行。本书将从西江流域和黄河流域的实际情况出发，运用博弈论的知识，辅以数理模型，讨论西江流域和黄河流域水环境问题形成的内在原因。对此，本书将从中央政府与流域地方政府利益博弈和流域地方政府之间的利益博弈两个角度着手探究西江流域和黄河流域水环境问题形成机制。

第一节 中央政府与流域地方政府的单期博弈

博弈是指个人或组织，面对一定的环境条件，在一定规则约束下，对各自的行为或策略加以实施，并从中各自取得相应结果的过程。一个完整的博弈过程通常包含以下五个方面的内容。第一，博弈决策的主体，也就是博弈过程中能够独立决策并且独立承担后果的个人或组织，他们自身的最大化效用是依靠其行动实现的，企业及个人、国家均可以参与。第二，博弈的信息，也就是博弈者掌握的有助于选择策略的相关资料，尤其是其他参与者的特征和行为。第三，博弈参与者可选择的全部行为或策略的集合。第四，博弈的秩序，也就是博弈参与者有先后顺序地做出策略选择。

第五，博弈者的收益，也就是各博弈参与者做出决策选择后相应获得的效用。

中央政府作为社会利益的代表，其目标是最大化社会总福利，不仅包含短期内的效益更要兼顾长远的社会发展；而流域的地方政府作为流域利益的代表，其目标只是需要最大化辖区的社会总福利，两者目标的差异性势必会导致双方选择上的差异从而产生利益上的博弈。

西江流域和黄河流域相较于长江流域，其开发程度较低，尤其是西江流域的中上游地区，2017 年全国人均 GDP 为 59660 元，而西江流域上游的云南、贵州、广西的人均 GDP 仅分别为：34221 元、37956 元、38102 元，处于全国后五位。此外，黄河流域最大的弱项是民生发展不足。沿黄各省区公共服务、基础设施等历史欠账较多。医疗卫生设施不足，重要商品和物资储备规模、品种、布局亟须完善，保障市场供应和调控市场价格能力偏弱，城乡居民收入水平低于全国平均水平。由于西江流域和黄河流域经济发展较为落后，西江流域和黄河流域的各个政府都希望自己地区的经济得到快速的发展，在经济发展与环境保护面前，流域地方政府偏向于选择经济发展；从中央政府的角度来看，其政策施行往往是从统筹社会全局发展的目标出发，希望做到环境保护与经济发展并举，走可持续发展的道路。由于中央政府与地方政府、地方政府之间发展的着力点的不同，本书对中央政府与流域地方政府博弈的过程进行讨论分析。在接下来的这一节中将分析两者的博弈过程，探究应该如何建立恰当的约束机制对流域地方政府选择行为进行限制，从而让其选择与中央政府意愿相一致的抉择。

一、中央政府与流域地方政府简单的纯策略博弈

流域发展中的环境问题核心是水环境的保护问题，流域地方政府面对的选择集为净化和排污，而本书假定中央政府希望流域地方政府选择的是净化，因为它契合了 21 世纪以来关于可持续发展的要求；但是流域地方政府为了发展自身经济，短期内在无约束条件下面对选择不执行（排污）与执行（净化）时，会选择成本较低的排污。

中央政府面对的选择集为检查或不检查，面对流域政府不负责任的排

污行为，中央政府需要对其增加一个约束—惩罚机制：当中央政府选择检查时，如果发现地方政府存在排污行为，将对其进行处罚。本书简单地假设中央政府对流域地方政府不执行治理排污的处罚为线性的，即从流域地方政府收益 π 中抽取百分比 k。为了研究两者行为和关系的相互影响，作进一步参数假设，相关参数解释如下。

V：流域地方政府治理污水给中央政府带来的收益；

π：流域地方政府治理污水给流域地方政府带来的收益；

Cs：中央政府检查流域地方政府是否执行污水治理的成本；

Cl：流域地方政府治理污水的成本；

k：中央政府对流域地方政府不执行污水治理进行惩罚的系数。

中央政府与流域地方政府的博弈矩阵如表 5 - 1 所示。

表 5 - 1 中央政府与流域地方政府的博弈矩阵

中央政府	流域地方政府	
	执行	不执行
检查	$V - Cs$, $\pi - Cl$	$k\pi - Cs$, $-k\pi$
不检查	V, $\pi - Cl$	0, 0

由于地方政府的官员在任期间可能更加注重短期经济效益，较少考虑当地资源、环境等长期生产要素的消耗，因此在这一节分析的效用为短期的，也可以理解为一届地方政府领导人的总效用。

本书假设：$\pi - Cl < 0$。环境治理体现经济效益具有一定延迟性，从短期来看，流域地方政府对环境投入治理得到的效益会低于对环境投入治理的成本。

当中央政府对流域地方政府的惩罚程度较轻时，若 $k < (Cl/\pi) - 1$，有 $\pi - Cl < -k\pi$，同时短期内有：$\pi - Cl < 0$，无论国家政府检查与否，其地方政府予以高度配合及执行得力而获得的收益均低于选择不执行时获得的收益，则流域地方政府会有占优策略：排污。

若 k 还满足 $k < Cs/\pi$，会有 $V > V - Cs$，$0 > k\pi - Cs$，也就是当 $k < Cs/\pi$ 时，无论流域地方政府选择如何，中央政府选择检查的收益均低于不检查的收益，那么中央会有占优策略：不检查。

综上所述，当 $k < \min \{ (Cl/\pi) - 1, Cs/\pi \}$ 时，会有纯策略均衡产生：（不执行，不检查）。因此，简单的监督机制并不一定能够实现目的，相反它会陷入"囚徒困境"，损害社会的总体利益，中央政府需要加强监督，加大惩罚力度，才能较好地威慑流域地方政府，最终达到本书需要的均衡（执行，检查）。

一方面，从本书的分析中可以看到对流域加强监管能够有效地解决"囚徒困境"的问题；另一方面，西江流域地处中国西南边境，是全国最大的少数民族聚集地区之一，对于不同的民族风俗差异的理解与民族间关系处理等会给中央政府的监管带来一定阻碍。此外，沿黄各省区经济联系度不高，区域分工协作意识不强，高效协同发展机制尚不完善，同样会使中央政府在统筹黄河流域发展上受到一定的阻碍。

二、中央政府与流域地方政府简单的混合策略博弈

纳什均衡是指非合作博弈均衡，在博弈的过程中，无论对方的策略如何，当事人一方一定会选择某一个确定的策略，这个策略被称为占优策略，如果博弈双方的策略组合分别构成各自的占优策略时，那么这个组合就被称为纳什均衡。

上文小节中当 $k < \min \{ (Cl/\pi) - 1, Cs/\pi \}$ 时存在纯策略的均衡，但是当 k 不满足小于 $\min \{ (Cl/\pi) - 1, Cs/\pi \}$ 的条件时，由于流域地方政府与中央政府均不存在严格占优策略，那么上面的博弈将不存在纯策略的均衡。这一小节将讨论在 $k > \min \{ (Cl/\pi) - 1, Cs/\pi \}$ 的条件下，使用混合策略来解决问题。

混合策略的目的是通过概率化选择不同的策略，以达到最小化对方收益或者最大化己方收益，其实质机制是一方以某种概率选择不同策略使对方无论选择何种策略都是无差异的，因此对方没有严格占优策略，也就是对方收益最小化。

这里仍然采用前文表 5 - 1 中的博弈矩阵进行分析。

假设流域地方政府以 Px 的概率执行，以 $1 - Px$ 的概率不执行；中央政府以 Py 的概率检查，以 $1 - Py$ 的概率不检查。

当流域地方政府选择执行的概率为 Px 时，对于中央政府，检查与不检查的期望效用分别为：

$U(1, Px) = (V - Cs) Px + (k\pi - Cs)(1 - Px) = k\pi - Cs + (V - k\pi) Px$

$U(0, Px) = VPx$

对于流域地方政府，选择执行的最优概率 Px 就是让中央政府选择检查与不检查的期望效用相等：

$U(1, Px) = U(0, Px)$

$\rightarrow Px = (k\pi - Cs) / k\pi$

因此，流域地方政府在选择以概率 $Px = (k\pi - Cs) / k\pi$ 执行时，是最优的。

在中央政府选择检查的概率为 Py 时，对于流域地方政府执行与不执行的期望效用分别为：

$V(Py, 1) = \pi - Cl$

$V(Py, 0) = -Pyk\pi$

对于国家而言，Py 为选择最佳概率，简单来说，无论流域地方政府做出怎样的决定，是否予以执行，或者不执行，其期望效用相等：

$V(Py, 1) = V(Py, 0)$

$\rightarrow Py = (Cl - \pi) / k\pi$

因此，中央政府选择以概率 $Py = (Cl - \pi) / (k\pi)$ 检查，是最优的。

综上所述，存在唯一的混合均衡：$[(Cl - \pi) / k\pi, (k\pi - Cs) / k\pi]$，中央政府以概率 $(Cl - \pi) / k\pi$ 检查，而流域地方政府以概率 $(k\pi - Cs) / k\pi$ 执行。

从上述推导与分析中可以归纳如下：

如果 $k\pi - Cs + (V - k\pi) Px < VPx$，即流域地方政府选择执行的概率 $Px > (k\pi - Cs) / k\pi$ 时，中央政府选择不检查；如果 $k\pi - Cs + (V - k\pi) Px > VPx$，即流域地方政府选择执行的概率 $Px < (k\pi - Cs) / k\pi$ 时，中央政府选择检查；如果 $k\pi - Cs + (V - k\pi) Px = VPx$，即流域地方政府选择执行的概率 $Px = (k\pi - Cs) / k\pi$ 时，中央政府对选择检查与不检查之间

无差异，因此作为理性的流域地方政府，会选择 $Px = (k\pi - Cs) / k\pi$，使中央政府在检查与不检查之间没有严格占优策略。

如果 $\pi - Cl > -Pyk\pi$，即中央政府选择检查的概率 $Px > (Cl - \pi) / k\pi$ 时，流域地方政府选择执行；如果 $\pi - Cl < -Pyk\pi$，即中央政府选择检查的概率 $Px < (Cl - \pi) / k\pi$ 时，流域地方政府选择不执行；如果 $\pi - Cl = -Pyk\pi$，即中央政府选择检查的概率 $Py = (Cl - \pi) / k\pi$ 时，流域地方政府对选择执行与不执行无差异，因此作为理性的中央政府，会选择 $Py = (Cl - \pi) / k\pi$，使流域地方政府在执行与不执行的选择之间无严格占优策略。

不难发现，流域地方政府选择执行净化的概率与中央政府进行检查所需要的成本 Cs 成反比。中央政府检查的成本 Cs 越高，流域地方政府就越不可能选择净化，加之执行的概率与国家的惩罚力度 k 成正比，中央政府一旦发现流域地方政府选择排污，却不对其进行严厉的惩罚，那么流域地方政府就越不可能选择执行净化。由于信息是对称的，当流域地方政府观察到如果国家对此执行检查，需要大量投入成本时，流域地方政府便可以做出国家检查概率很低的判断，则意味着自己被惩罚的概率较低；同样由于信息是对称的，当流域地方政府观察到中央政府一旦发现排污将会对自己实施十分严厉的惩罚时，流域地方政府就会谨慎地选择是否排污。

西江流域民族众多。以云南省为例，云南省在第七次全国人口普查中，全省约有 1/3 的人口为少数民族，全国 56 个民族中有 25 个民族在云南聚居，在云南聚居的 25 个少数民族中又有 15 个为云南特有，其 95% 的人口居住在云南；此外，由于云南省与广西交界，有 16 个民族跨境而居。

西江流域和黄河流域面积广袤，跨越多个行政区划。珠江是全国第三长的河流，而西江流域人口又占整个珠江流域的 64%，西江流域包括 3 个省与 1 个自治区：云南省、贵州省、广西壮族自治区和广东省。其中，云南省与广西壮族自治区包括多个自治州与自治县。黄河流域流经青海、四川、甘肃、宁夏、内蒙古、山西、陕西、河南、山东 9 个省份，流域面积大约为 752000 平方千米，全长 5464 千米，是我国第二长河。

西江流域和黄河流域民族众多，民族关系复杂，以及跨越多个行政区划的原因让中央政府对西江流域和黄河流域直接监管的成本（Cs'）比长江流域等的更高，导致西江流域和黄河流域政府在混合策略中选择执行的概率［$Px' = (k\pi - Cs')/ k\pi$］较低，中央政府需要通过增加惩罚力度（k）来提高西江流域和黄河流域选择执行的概率 Px。

三、中央政府与流域地方政府扩展后的纯策略博弈

前面简单分析了将中央政府限制在二元选择集｜检查，不检查｜内、流域地方政府限制在二元选择集｜执行，不执行｜内的博弈过程。然而，现实中由于前面提到的民族多，并且有些流域地理上与中央距离较远，流域地方政府往往有多种选择，选择执行净化时可以选择认真执行，出于侥幸心理流域地方政府也可以选择敷衍执行；中央政府也有多种选择，选择检查时，可以是仔细地检查，也同样因为地理位置偏远，监管成本较大，可能检查只是走马观花式地检查流域地方政府行为。那么接下来的分析中将对博弈矩阵进行扩展，加入流域政府不完全执行净化及国家实施一般性检查的情况，流域政府由此可做出这样的选择：｜执行，部分执行，不执行｜；中央政府的选择集为：｜严格检查，一般检查，不检查｜。

α：检查成本与检查严厉程度呈正的线性相关关系；

β：执行成本与执行程度呈正的线性相关关系。

同时，本节假定，流域地方政府和中央政府的收益也与之呈正相关，且系数也为 β，即 βV，$\beta\pi$。

表5-2　中央政府与流域地方政府扩展后的博弈矩阵

中央政府	流域地方政府		
	完全执行	部分执行	不执行
严格检查	$V - Cs$，$\pi - Cl$	$\beta V - Cs + k(1-\beta)\pi$， $\beta\pi - \beta Cl - k(1-\beta)\pi$	$k\pi - Cs$，$-k\pi$
一般检查	$V - \alpha Cs$，$\pi - Cl$	$\beta V - \alpha Cs + k\alpha(1-\beta)\pi$， $\beta\pi - \beta Cl - k\alpha(1-\beta)\pi$	$k\alpha\pi - Cs$，$-k\alpha\pi$
不检查	V，$\pi - Cl$	βV，$\beta\pi - \beta Cl$	0，0

首先可以观察表5-2博弈矩阵中是否有一方可能存在严格劣势策略。

通过分析发现中央政府在面临 $k(1-\beta)\pi > Cs$ 时会有严格劣势策略: 一般检查。

第一, 当流域地方政府完全执行时, 由于 Cs, αCs 均为正值, 中央政府选择不检查的效用大于严格检查和一般检查的效用: $V > V - Cs$; $V > V - \alpha Cs$, 则国家会放弃检查。

第二, 如果流域地方政府拟定不完全执行时, 中央选择严格检查的效用大于选择一般检查的效用: $\beta V - Cs + k(1-\beta)\pi > \beta V - \alpha Cs + k\alpha(1-\beta)\pi$ [化简后为: $k(1-\beta)\pi > Cs$, 符合假设条件], 中央选择严格的检查效用大于选择不检查的效用: $\beta V - Cs + k(1-\beta)\pi > \beta V$ [化简后为: $k(1-\beta)\pi > Cs$, 符合假设条件], 则中央政府会采取严格检查的策略。

第三, 当流域地方政府选择不执行时, 由于 $k\pi - Cs > k\alpha\pi - Cs$, 中央政府选择严格检查的效用大于选择一般检查的效用; 由于 $k(1-\beta)\pi > Cs$, 显然有 $k\pi - Cs > 0$, 中央政府选择严格检查的效用也大于选择不检查的效用, 则中央政府会选择严格执行的策略。

因此, 一般检查确实是中央政府的严格劣势策略, 将其删除, 可以把博弈矩阵化简后得到表 5-3。

表 5-3　剔除严格劣势策略后的中央政府与流域地方政府博弈矩阵

中央政府	流域地方政府		
	完全执行	部分执行	不执行
严格检查	$V - Cs$, $\pi - Cl$	$\beta V - Cs + k(1-\beta)\pi$, $\beta\pi - \beta Cl - k(1-\beta)\pi$	$k\pi - Cs$, $-k\pi$
不检查	V, $\pi - Cl$	βV, $\beta\pi - \beta Cl$	0, 0

通过上面博弈矩阵还可以看到, 若中央政府选择不检查, 由于 $\pi - Cl < 0$, $\beta(\pi - Cl) < 0$, 流域地方政府选择完全执行和部分执行的效用均低于选择不执行的效用, 则流域地方政府的占优策略就是不执行。

因此, 作为一个理性的中央政府, 应该选择严格检查以避免流域地方政府的违规排放, 如果其选择占优策略, 就会放弃执行。

国家专门性机构在予以检查过程中, 一方面, 只有当中央政府在流域地方政府完全执行的效用大于部分执行的效用时, 中央政府希望流域地方政府完全执行，这样中央政府才会选择去约束流域地方政府最终实现可持续发展的目标，因此要添加一个条件：$V - Cs > \beta V - Cs + k(1 - \beta)\pi$，化简后为：

$$(1 - \beta)V > k(1 - \beta)\pi \rightarrow k < V/\pi$$

另一方面，只有当流域地方政府选择完全执行时的效用大于流域地方政府选择部分执行与不执行时的效用时，流域地方政府才会选择完全执行，也就是 $\pi - Cl > -k\pi$ 与 $\pi - Cl > \beta\pi - \beta Cl - k(1 - \beta)\pi$，两者化简后均为：

$$k > Cl/\pi - 1$$

在理性的中央政府选择严格检查的前提下，当满足这个条件时，选择完全执行（净化）成为流域地方政府的严格占优策略。

因此，当 $k < Cl/\pi - 1$ 时，有 $\beta\pi - \beta Cl - k(1 - \beta)\pi > -k\pi$，$\beta\pi - \beta Cl - k(1 - \beta)\pi > \pi - Cl$，流域地方政府选择完全执行的效用和不执行的效用均低于部分执行的效用，此时流域地方政府选择会出现偏离，因为流域地方政府的严格占优策略为部分执行。

当 $k \in (Cl/\pi - 1, V/\pi)$ 时，流域地方政府选择完全执行的效用大于部分执行和不执行的效用，同时中央政府在流域地方政府选择完全执行时的效用也大于流域地方政府部分执行的情况，可以得到本书需要的结果（严格检查，完全执行）。

当 $k > V/\pi$ 时，中央政府的选择会出现偏离，它宁可流域地方政府选择部分执行，因为通过过高的惩罚机制能够受益更多，相当于对流域地方政府的过度剥削，因此过高的惩罚也是不应该出现的，由于不出现在实际情况中，本书中不需要考虑这一点。

四、中央政府与流域地方政府扩展后的混合策略博弈

根据上文的分析，当 $k < Cl/\pi - 1$ 时，部分执行优于不执行；当 $k > Cl/\pi - 1$ 时，完全执行优于不执行。因此不执行是流域地方政府的严格劣势策略，剔除流域地方政府的不执行选项后，这里可以对博弈矩阵做进一步化简后得到表 5 - 4 再进行混合策略的博弈分析。

表 5 - 4　化简后的中央政府与流域地方政府混合策略矩阵

中央政府	流域地方政府	
	完全执行	部分执行
严格检查	$V - Cs$，$\pi - Cl$	$\beta V - Cs + k\,(1 - \beta)\,\pi$， $\beta\pi - \beta Cl - k\,(1 - \beta)\,\pi$
不检查	V，$\pi - Cl$	βV，$\beta\pi - \beta Cl$

假设流域地方政府完全执行的概率为 Py，中央政府严格检查的概率为 Px，中央政府严格检查与不检查的效用分别为：

$$U\,(1,\ Py)\ =\ (V - Cs)\,Py + [\beta V - Cs + k\,(1 - \beta)\,\pi]\,(1 - Py)$$

$$U\,(0,\ Py)\ = VPy + (1 - Py)\,\beta V$$

对于流域地方政府，最优的 Py 就是让中央政府选择严格检查与不检查的效用相等：

$$U\,(1,\ Py)\ =\ U\,(0,\ Py)$$

$$(V - Cs)\,Py + [\beta V - Cs + k\,(1 - \beta)\,\pi]\,(1 - Py)\ = VPy + (1 - Py)\,\beta V$$

$$\rightarrow Py = 1 - Cs / [k\,(1 - \beta)\,\pi]$$

因此，流域地方政府在选择概率 $1 - Cs / [k\,(1 - \beta)\,\pi]$ 选择完全执行时是最优的。

流域地方政府执行与不执行的效用分别为：

$$V\,(Px,\ 1)\ = \pi - Cl$$

$$V\,(Px,\ 0)\ = Px\,[\beta\pi - \beta Cl - k\,(1 - \beta)\,\pi] + (1 - Px)\,(\beta\pi - \beta Cl)$$

对于中央政府，最优的 Px 就是让流域地方政府选择完全执行与部分执行的效用相等：

$$V\,(Py,\ 1)\ =\ V\,(Py,\ 0)$$

$$\pi - Cl = Px\,[\beta\pi - \beta Cl - k\,(1 - \beta)\,\pi] + (1 - Px)\,(\beta\pi - \beta Cl)$$

$$\rightarrow Px = (Cl - \pi) / (k\pi)$$

因此，中央政府在选择概率 $(Cl - \pi) / k\pi$ 选择严格检查时是最优的。

综上所述，存在唯一的混合均衡：$(Cl - \pi) / (k\pi)$，$1 - Cs / [k\,(1 - \beta)\,\pi]$，中央政府以概率 $(Cl - \pi) / (k\pi)$ 严格检查，以概率 $1 - (Cl -$

π）／（$k\pi$）不检查；而流域地方政府以概率 $1 - Cs/\left[k\left(1-\beta\right)\pi\right]$ 完全执行，以概率 $Cs/\left[k\left(1-\beta\right)\pi\right]$ 部分执行。

通过上述推导与分析将作如下归纳：

对于流域地方政府，如果有 $\left(V - Cs\right)Py + \left[\beta V - Cs + k\left(1-\beta\right)\pi\right]$ $\left(1 - Py\right) < VPy + \left(1 - Py\right)\beta V$，即流域地方政府选择完全执行的概率 $Py > 1 - Cs/\left[k\left(1-\beta\right)\pi\right]$，中央政府选择不检查；如果有 $\left(V - Cs\right)Py +$ $\left[\beta V - Cs + k\left(1-\beta\right)\pi\right]\left(1 - Py\right) > VPy + \left(1 - Py\right)\beta V$，即流域地方政府选择完全执行的概率 $Py < 1 - Cs/\left[k\left(1-\beta\right)\pi\right]$，中央政府选择严格检查；如果有 $\left(V - Cs\right)Py + \left[\beta V - Cs + k\left(1-\beta\right)\pi\right]\left(1 - Py\right) = VPy +$ $\left(1 - Py\right)\beta V$，即流域地方政府选择完全执行的概率 $Py = 1 - Cs/\left[k\left(1-\beta\right)\pi\right]$，中央政府选择严格检查与不检查之间无差异，因此作为理性的流域地方政府，会选择 $Py = 1 - Cs/\left[k\left(1-\beta\right)\pi\right]$ 使中央政府在严格检查与不检查之间没有最优策略。

对于中央政府，如果有 $\pi - Cl > Px\left[\beta\pi - \beta Cl - k\left(1-\beta\right)\pi\right] + (1-Px)\left(\beta\pi - \beta Cl\right)$，即中央政府选择检查的概率 $Px < \left(Cl - \pi\right)/\left(k\pi\right)$，流域地方政府选择完全执行；如果有 $\pi - Cl < Px\left[\beta\pi - \beta Cl - k\left(1-\beta\right)\pi\right] +$ $\left(1 - Px\right)\left(\beta\pi - \beta Cl\right)$，即中央政府选择检查的概率 $Px > \left(Cl - \pi\right)/$ $\left(k\pi\right)$，流域地方政府选择部分执行；如果有 $\pi - Cl = Px\left[\beta\pi - \beta Cl - k\left(1-\beta\right)\pi\right] + \left(1 - Px\right)\left(\beta\pi - \beta Cl\right)$，即中央政府选择检查的概率 $Px = \left(Cl - \pi\right)/\left(k\pi\right)$，流域地方政府选择完全执行与部分执行无差异，因此作为理性的中央政府，会选择 $Px = \left(Cl - \pi\right)/\left(k\pi\right)$ 使流域地方政府在完全执行与部分执行的选择之间无严格占优策略。

通过分析混合策略的均衡解 $\left\{\left(Cl - \pi\right)/\left(k\pi\right), 1 - Cs/\left[k\left(1-\beta\right)\pi\right]\right\}$，这里可以观察到：

中央政府选择严格检查的概率与流域地方政府执行的成本呈正相关，流域地方政府完全执行的成本 Cl 越大，中央政府需要严格检查的概率就越大；中央政府选择严格检查的概率与中央政府对流域地方政府的惩罚力度呈负相关，惩罚力度 k 越大，流域地方政府就越不敢选择排污，中央政府也就越不需要去检查；此外，中央政府选择严格检查的概率还与流域地方

政府的执行收益 π 呈正相关。

流域地方政府选择完全执行的概率与中央政府严格检查所投入的成本成反比关系，如果流域地方政府认为国家实施检查投入的成本过高，也就是 Cs 值过高，它相对会暗示自己觉得中央政府不可能选择严格检查，因此流域地方政府认为自己不需要完全执行；流域地方政府选择完全执行的概率与中央政府对自己违规行为的惩罚 k 呈正相关，流域地方政府面对违规的巨额损失会更加谨慎是否选择违规；同样地，流域地方政府选择完全执行的概率与自身通过完全执行获得的收益 π 呈正相关。

五、中央政府与流域地方政府扩展后博弈行为的讨论

前文分析中用到的假设条件主要有以下三个。

条件一：最基本的假设 $\pi - Cl < 0$，短期成本大于收益；

条件二：$k(1-\beta)\pi > Cs$，使一般检查成为中央政府严格劣势策略；

条件三：$k \in (Cl/\pi - 1, V/\pi)$，使中央政府希望流域地方政府选择完全执行的策略，同时流域地方政府也选择完全执行的策略。

对于假设条件本书将做如下解释。

对于条件一，由于生态治理，在短期内是有碍于经济发展的，西江流域和黄河流域大部分地区处于工业化初级阶段，以高能耗高污染的企业为主，生态治理与保护意味着淘汰这部分产能落后和污染严重的企业，需要牺牲较大部分的经济增长来换取一定的经济质量，因此短时间内经济发展速度是下降的，成本大于收益符合人类的一般认知。

对于条件二，一方面是可以选择不等式左边尽可能地大，也就是中央政府需要加大惩罚力度，起到震慑作用，流域地方政府面对高额的罚款 $[k(1-\beta)\pi]$ 时，会谨慎选择是否继续部分执行；另一方面是可以选择让不等式左边尽可能地小，也就是减少监管成本。

从前文分析中能够看到，流域地方政府采取部分执行策略时，执行部分越少，β 值越小，在检查成本一定的情况下，中央政府所需要的惩罚系数就越小，这和中央政府的惩罚与流域地方政府未完成部分呈正相关有关，因为本书设定的惩罚机制中就包含完成部分越少，惩罚越大，符合社

会发展的实际情况。

对于条件三，可以理解成中央政府对流域地方政府的惩罚既不能太轻，也不能太重，如果惩罚太轻，过低的惩罚力度就会让地方政府忽视中央政府的惩罚，依旧我行我素。特别地，当 $k < Cl/\pi - 1$ 时，中央政府的惩罚将完全失去对流域地方政府的约束力；惩罚也不能太重，罚款仅仅是为了约束流域地方政府。

若以上三个约束条件均成立，通过本书分析可以得到扩展的中央政府与流域地方政府博弈中唯一的均衡：$\{(Cl - \pi)/(k\pi), 1 - Cs/[k(1-\beta)\pi]\}$。中央政府以概率 $(Cl - \pi)/(k\pi)$ 严格检查，概率 0 一般检查，概率 $1 - (Cl - \pi)/(k\pi)$ 不检查；而流域地方政府以概率 $1 - Cs/[k(1-\beta)\pi]$ 完全执行，概率 $Cs/[k(1-\beta)\pi]$ 部分执行，概率 0 不执行。

从流域地方政府完全执行的概率 $1 - Cs/[k(1-\beta)\pi])$ 中可以看出，当监管成本（Cs）越小时，流域地方政府选择完全执行的概率越趋近于 1，越符合本书的期望值，惩罚系数（k）越大，流域地方政府选择完全执行的概率也越趋近于 1，越符合本书期望值。因此，混合策略均衡中，中央政府大致需要从两方面入手，一方面需要加大惩罚力度；另一方面也需要减少自身的监管成本，而建立流域管理委员会是一个最优的选择。

前文已对西江流域和黄河流域的情况有了概述：西江地处的西南地区是多个少数民族的聚集地，民族众多，仅云南省就有 25 个少数民族居住于此，并且全省 1/3 的人口为少数民族；此外，珠江是全国第三长河流，西江流域居住着珠江流域 64% 的人口，并且西江流域较广，横跨多个行政管辖单位。此外，沿黄河各省区经济联系度不高，区域分工协作意识不强。这些现实情况将会给西江流域和黄河流域的发展带来以下几个问题。

第一，在流域共同发展前提下，如何公平地对流域进行整体监管，是中央政府目前亟须解决的一个难题。

第二，沿河企业向河流内排放污染物质、农业及生活污水的肆意排放导致流域水资源受到污染，流域上游的企业为了自身的利益采取利己的活动，却使下游的居民及企业遭殃，而上游企业不对其行为支付额外费用，由此可能会造成监管不力时流域各个行政单位互相推卸责任的情况。

第三，由于西江流域和黄河流域经济发展不均衡，改革开放以来采用"先富带动后富"的形式，但是等到一部分人富起来后却很容易产生"上游欠发达地区需要发展，不愿意接受节能减排，下游较发达地区需要环境，却不愿意帮助上游治理污染"的情况，最终上游以牺牲环境为代价换来经济的增长，而下游因为上游的污染也需要付出额外的治理成本。

在西江流域和黄河流域的发展问题上，本书建议在西江流域和黄河流域建立流域管理委员会，统筹管理西江流域和黄河流域的经济发展。该委员会地处西江流域和黄河流域，拉近了地理距离，统筹解决西江流域和黄河流域民族与民族之间、地区与地区之间发展中遇到的问题，既可以减少监管成本，通过资源的合理配置也能够让经济质量有所提升，同时协调西江流域和黄河流域的整体发展。

第二节　流域地方政府之间的单期博弈

第一节中讨论了中央政府与流域地方政府之间的博弈，中央政府一方面要降低监管成本，提高监管效率；另一方面需要加强监管力度，起到威慑作用。然而，由于水环境的特殊性，上游选择排污后不仅对自身发展产生较大的影响，同时上游地区的污染物会转移到中下游，对中下游地区的经济发展产生影响。当下游面对上中游的污染物时，即使自己不选择排污也会在自身发展中受到阻碍。流域地方政府间不同的利益追求势必会造成不同流域地方政府对水环境选择净化与排污进行激烈的博弈。

一、地域间博弈问题的提出

公地作为一项资源或财产有多个拥有者，每一个拥有者均具有使用权，却没有权力阻止其他拥有者的使用，因而每个拥有者都倾向于过度使用，从而造成资源的枯竭。之所以被称为"悲剧"，是因为每个拥有者都知道资源的过度使用会导致资源枯竭，然而每个拥有者对阻止事态的继续恶化均感到无能为力，并且都抱着"及时捞一把"的心态加剧情况的恶化。因此，公共物品因产权难以界定而被竞争性地过度使用或侵占是一个必然结果。

现阶段西江流域和黄河流域由于历史、地理等原因造成了流域上中游地区尚处于欠发达状态，环境容量尚未处于饱和状态。现阶段西江流域和黄河流域的水环境不具有排他性和竞争性，但是由于水环境的特殊性，流域经济注定具有整体性这一特点。上游对水环境的利用势必会影响到中游的生产与发展，中游对水环境的保护也会给下游带来一定程度的社会正效益。那么作为公共品，各流域地方政府之间的博弈会让"公地悲剧"重演吗？

接下来本书将通过博弈矩阵来分析"公地悲剧"的形成，这里以无管制下的水环境为例。

U：生产却不用去净化带来的收益；

C：净化本地生产带来的污染的成本。

为了方便分析，也使结果一目了然，本书简单地假设两地情况对称，两地净化的成本和生产的效益均相等，流域地方政府之间的博弈矩阵如表 5 – 5 所示。

表 5 – 5　流域地方政府之间的博弈矩阵

A 地	B 地	
	排污	净化
排污	U, U	$U, U-C$
净化	$U-C, U$	$U-C, U-C$

在激烈的市场经济大环境下，各地政府为了实现 GDP 目标，不惜以破坏水环境为代价，当 $U > U - C$ 时，不难发现 A、B 两地均有占优策略：选择排污，因此存在唯一的纳什均衡，即（排污，排污）。虽然从矩阵中，可以看到该策略下的总收益值 $2U$ 在短期的情况确实是最高的，但这是由于矩阵中只分析了经济效益，没有考虑社会效益、生态效益以及经济发展的可持续性等因素，这也就是"公地悲剧"的形成机制。由于没有排他性和竞争性，各个利益群体只知道对公共品无休止地索取，

虽然达到个体最优，但是与社会的可持续发展、社会的舆论、社会的整体最优化背道而驰。

类似地，对于不止两个地区存在时结论也是相似的，扩展到多个流域地方政府，在无任何监督管理机制或者经济发展约束条件的情况下，排污依旧是多个流域地方政府博弈的唯一纳什均衡，长久如此排污现象将会在整个流域肆虐，流域的水环境破坏在所难免。一旦整个流域的生态环境遭到破坏，一方面，整个流域的生态环境的修复需要相当长的时间与相当多的社会成本，甚至会达到不可修复的程度；另一方面，生态环境的破坏会给流域乃至附近的人们带来生活上的不便和身体健康上的威胁，降低了流域人们的生活质量。举一个简单的例子：水环境的破坏会给流域农业的灌溉造成不可估量的损失；废水的排放也会给流域人们的饮用水带来一定程度的危害。

由于西江流域相对于长江流域发展状况较为落后，西江流域的基础性建设较差，一方面经济发展需要配套的基础性建设，另一方面西江流域多原始森林，生态一旦遭到破坏极难恢复原有样貌。云南省一直以来都是我国植被及生物物种最为丰富及最具多样性的地区，绿色植被覆盖率很高，仅森林就已经达到53%以上，还拥有着3400平方公里的天然湿地。但这些看起来很大的数字，却仍然不能掩盖生态退化以及保护投入不足的事实。其中森林植被中掺入了大量的桉树、橡胶林及杉木林等，它们皆为人工林。它们涵养水源的能力无法与原始森林相比，在2013年绿色和平组织对云南省原始森林展开的一项统计及调查中，其结果并不乐观，云南省原始森林的覆盖率已经锐减到现在的9%。西江流域中上游各个地区为了吸引外资，加强基础设施建设，对资源的不合理开发，加上缺乏治理，使梧江等多条支流重金属严重超标，农村社区的水源得不到保证；西江流域下游，大量生活污水未经处理便直接排入河流，特别是在肇庆段，大肠杆菌量、总氮量、总磷量均严重超标，大量水资源被污染。

黄河流域发展相对于长江流域较为落后。黄河生态本底差，水资源短缺，水土流失严重，资源环境承载能力弱，沿黄各省区发展不平衡不充分问题尤为突出。黄河流域生态脆弱区分布广、类型多，上游的高原冰川、草原草甸和三江源、祁连山，中游的黄土高原，下游的黄河三角洲等，都极易发生退化，恢复难度大且过程缓慢。黄河流域环境污染积重较深，水质总体差于全国平均水平。

面对这种情况，流域地方政府需要如何预防和应对"公地悲剧"的形成呢？目前公认的解决"公地悲剧"问题有两条思路。一是通过政府途径解决。政府自身或者颁布相关法令来对流域进行管制，监督流域地方政府让其不进行排污，不光是由中央政府监管，也可以下游对上游进行监管。由于上游的排污势必会对下游的生产产生一定的负面影响，因此下游对上游的监管将会更加有效，适当地采取举报的奖励制度，让下游主动去监督上游能够有效提升监督效率。二是通过市场途径解决。不通过政府，而是通过产权的建立，由排污方与受害方、上游与下游进行谈判，协商解决排污带来的赔偿问题。然而就中国现状，目前产权界定方法仍有待规范，流域地方政府可以采取市场主导、政府规范的方式进行，既体现了市场的灵活性，又能够在政府的规范下不走弯路、不走远路。

二、生态补偿机制解决地域间问题的设想

本书首先考虑前文对"公地悲剧"的解决方法之一是完全通过市场途径解决，赋予下游与上游协商下游净化费用分配的权利，以保护下游自身生产的水环境，也就是加入生态补偿机制。

西江流域下游的广东省 2013 年的地区生产总值为 62163.97 亿元，同期广西壮族自治区的地区生产总值为 14378.00 亿元、贵州省地区生产总值为 8006.79 亿元、云南省地区生产总值为 11720.91 亿元，广东省几乎为广西、贵州、云南总和的两倍。此外，广东省 2013 年人均地区生产总值达到 9474.66 美元，同期广西壮族自治区的人均地区生产总值为 4958.52 美元、云南省为 4204.44 美元、贵州省为 3710.78 美元，分别位列全国 31 个省份倒数第 5、倒数第 3、倒数第 1，广东省的人均地区生产总值是其他三省区的两倍以上。

黄河流域下游的山东、河南 2013 年的地区生产总值分别为 47344.33

亿元、31632.5 亿元，下游两省的地区生产总值为 78976.83 亿元，而同期的上游的青海、宁夏和甘肃的地区生产总值分别为 1717.31 亿元、2327.68亿元、6268.01 亿元，上游三省的地区生产总值为 10309 亿元。黄河流域下游地区生产总值大约是下游的 8 倍。

由此可见，西江流域和黄河流域上下游之间发展不均衡，上游欠发达地区在发展中需要得到下游的适当援助才能够缩小两地之间的差距。加快发展当地经济和提高当地群众生活水平始终是各地政府的目标，但是发展绝对不能以破坏生态环境为代价，否则即使经济发展再好，当地的老百姓也不会感到幸福。特别是近几年来环保产业的兴起，一方面可以通过产业优化从源头上来保护环境，另一方面可以通过付费把污染物交给环保企业来处理。而后者下游发达地区就可以提供很好的帮助，下游地区可以通过提供资金支持以及污水处理技术支持来帮助上游在发展经济的同时做到少破坏环境，甚至不破坏环境。

生态补偿机制建立的目的是保护生态环境以及促进社会与自然和谐发展，根据生态保护成本、经济发展的机会成本，综合运用行政与市场手段，对生态环境保护与生态环境建设各方之间的利益关系进行适当调整。生态补偿机制面对的是环境污染防治以及区域性生态保护，它是以破坏者与受益者付费为主，同时污染者付费的方式并存，并且具有经济激励作用的一项环境经济政策。

这里本书首先从受益者付费角度出发，下游为上游净化的受益者，下游可以选择补偿上游净化的一部分费用。参数解释如下。

$U1$：排污情况下上游的效用；

$U2$：排污情况下下游的效用；

A：上游选择净化给下游带来的额外效用；

B：下游支付给上游的生态补偿费用；

C：上游选择净化所需要的成本。

那么简化的上下游博弈矩阵如表 5 - 6 所示。

表 5 - 6　简化的上下游博弈矩阵

上游	下游	
	不付费	付费
排污	$U1$, $U2$	$U1 + B$, $U2 - B$
净化	$U1 - C$, $U2 + A$	$U1 + B - C$, $U2 + A - B$

　　和第一节的方法一样，本节首先在静态博弈下对两地选择进行分析，对于下游：$U2 > U2 - B$，$U2 + A > U2 + A - B$，因此不付费是下游的严格占优策略；对于上游，$U1 > U1 - C$，$U1 + B > U1 + B - C$，因此选择排污是上游的严格占优策略，那么策略（排污，不付费）是上述博弈中唯一的纳什均衡。然而，从表 5 - 6 的博弈矩阵中可以看到选择策略（净化，付费）时的总效用值为：$U1 + B - C + U2 + A - B > U1 + U2$（通常认为上游净化的成本小于给下游带来的效用）。因此选择策略（净化，付费）才是上游和下游的帕累托最优，这也就是人们熟知的"囚徒困境"。在信息完全对称，并且不存在串谋的情况下得到唯一的纳什均衡却并不是帕累托最优。在静态博弈的分析下，正符合本书前面的推测，完全的市场行为不能够很好地完成目标。

　　上述分析是建立在上下游同时博弈的静态博弈情况下，完全属于市场行为，本书分析发现静态博弈得到的纳什均衡并不是帕累托最优，违背了中央政府的目标，那么如果在前文的基础上加入法令监管，两地的博弈行为究竟会有何变化呢？

　　假设法令规定，下游在面对上游排污采取措施时，可以选择向流域管理委员会提出仲裁，要求上游补偿下游净化的费用。因为提出索赔要求是在下游观察到上游排污时才发生，所以接下来本书将采用动态博弈的方法来分析问题：上游先在排污与净化之间做出选择，而下游在上游选择排污时可以选择索赔或者不索赔。

表 5 – 7　序贯博弈的上下游博弈矩阵

上游	下游	
	不索赔	索赔
净化	$U1 - C,\ U2 + A$	N/A
排污	$U1,\ U2$	$U1 - B,\ U2 + B$

从表 5 – 7 中不难发现，下游选择索赔的效用会高于不索赔的效用，即 $U2 + B > U2$，下游在面对上游选择排污时，在流域管理委员会和相关法令的保证下，下游可以对上游的排污行为进行索赔。因此，上游面临的选择是，净化下的 $U1 - C$ 与排污下的 $U1 - B$，如若 $B > C$，那么上游会选择净化，（净化，不索赔）为动态博弈下的子博弈纳什均衡。

三、扩展后生态补偿机制下的上中下游博弈分析

往往现实中不止两个利益集团，而是会有很多利益集团，那么接下来本书将从上下游的二元集拓展到三元集 {上游、中游、下游}，将模型拓展为考虑上中下游三个地区之间的博弈行为。在第一节的模型中，上游只能选择排污和净化，而下游只能选择索赔或者不索赔，而加入中游，它既可以对上游的排污行为进行索赔，而且若选择排污也将面临下游对其排污行为的索赔。模型中将会用到如下参数。

$A1$：上游地区选择净化时给中游地区带来的效用增加；

$A2$：中游地区选择净化时给下游地区带来的效用增加；

$\alpha A1$：假设上游地区净化不仅给中游地区带来 $A1$ 的效用增加，同时也给下游地区带来 $\alpha A1$ 的效用增加；

$B1$：上游选择排污时，中游对上游提出的索赔额；

$B2$：中游选择排污时，下游对中游提出的索赔额；

$C1$：上游选择净化所需要的成本；

$C2$：中游选择净化所需要的成本；

$\beta C1 + C2$：上游选择不治理，而中游选择治理需要付出的成本；

N/A：由于索赔只有在中游或者上游排污情况下才进行，因此中游或者上游选择净化时，用符号 N/A 表示。

一般地，（上游净化，中游净化）、（上游净化，中游排污）和（上游排污，中游排污）三者给下游带来的效用是不同的，本书假设三者给下游带来的效用分别为：$U3 + \alpha A1 + A2$，$U3 + \alpha A1$，$U3$。

本书假设中游若选择净化，不仅是净化自身的排污，而且如果上游不选择治理，中游也需要净化上游漂流下来的污染物，那么治理费用也会相应上升，本书假设这个系数为 β，那么中游治理的总成本为 $\beta C1 + C2$。也就是说本书采用的模型中（上游排污，中游净化）与（上游净化，中游净化）两者给下游带来的效用是一样的。

各地选择是否索赔、是否净化的效用汇总如表 5−8 中的博弈树所示。

这里本书假定是一个动态博弈的过程，上游选择排污或者净化，当上游选择排污时，中游可以选择是否向上游进行索赔，然后中游选择排污或者净化，最后当中游选择排污时，下游也可以选择是否向中游进行索赔。

表 5−8　上中下游三地的博弈树

效用	下游是否索赔	下游	中游是否净化	中游是否索赔	中游	上游是否净化	上游
$(U1−B1,U2+B1−B2,U3+B2)$	是						
$(U1−B1,U2+B1,U3)$	否		否	是			
$(U1−B1,U2+B1−\beta C1−C2,U3+A2)$	N/A		是			否	上
$(U1,U2−B2,U3+B2)$	是						
$(U1,U2,U3)$	否		否	否			游
$(U1,U2−\beta C1−C2,U3+A2)$	N/A		是				
$(U1−C1,U2+A1−B2,U3+B2)$	是						
$(U1−C1,U2+A1,U3)$	否		否	N/A		是	
$(U1−C1,U2+A1−C2,U3+\alpha A1+A2)$	N/A		是				

当 $U3 + B2 > U3$，则下游面对中游排污时，必然选择向中游进行索赔，那么就可以简化为如表 5−9 所示的三地博弈树。

表 5 – 9　简化后的三地博弈树

效用	下游是否索赔	下游	中游是否净化	中游是否索赔	中游	上游是否净化	上游
$(U1-B1,U2+B1-B2,U3+B2)$	是						
$(U1-B1,U2+B1,U3)$	否		否	是			
$(U1-B1,U2+B1-\beta C1-C2,U3+A2)$	N/A		是			否	上游
$(U1,U2-B2,U3+B2)$	是						
$(U1,U2,U3)$	否		否	否			游
$(U1,U2-\beta C1-C2,U3+A2)$	N/A		是				
$(U1-C1,U2+A1-B2,U3+B2)$	是						
$(U1-C1,U2+A1,U3)$	否		否	N/A		是	
$(U1-C1,U2+A1-C2,U3+\alpha A1+A2)$	N/A		是				

当 $U2+B1-B2 < U2+B1-\beta C1-C2$，即 $\beta C1+C2 < B2$ 时，如果下游向中游的索赔额足够高，中游就会选择净化，而不是排污；这里的索赔相当于对排污行为的惩罚，和地方与中央博弈时不同，这里是地方对地方的监督，由于对污染的包庇行为会影响自身的利益，这个机制在流域管理委员会和相关法令的保证下将会更加有效地遏制排污行为。

当 $U2+B1-B2 > U2-B2$ 时，和下游选择索赔的分析一样，面对上游排污的做法，中游也必然会选择向上游进行索赔。

精简约束后的三地博弈树如表 5 – 10 所示。

当 $U1-C1 > U1-B1$，即惩罚足够大时，中游对上游要求的索赔足够大，可以很好地约束上游选择排污行为。

当中游对上游的索赔、下游对中游的索赔足够大时，最终将得到上游、中游和下游在流域管理委员会存在的市场动态博弈中唯一的子博弈纳什均衡（净化，净化，不索赔），也就是本书最终要达到的目标。

然而，本书中也注意到，该机制在流域管理委员会这一专门的仲裁机构存在的情况下才能得以实现。随着不同利益集团的不断增加，如果前面利益集团都选择不治理，不难发现次下游地区选择净化的成本 $Cn+(C_{n-1})\beta+(C_{n-2})\beta^2+\cdots$ 会越来越大。然而，一般情况下索赔额不可能无限大，直到下游对次下游的索赔额 Bn 小于 $Cn+(C_{n-1})\beta+(C_{n-2})\beta^2+\cdots$ 时，次下游不会再选择治理，上述子博弈纳什均衡将不复存在，本书中理解为随着流域利益集团数量的增加，流域管理委员会进行索赔仲裁的成本越来越大，当这个监督机制失去效用时，会有越来越多的"搭便车"者的进入，最终走上恶意开发与恶性循环的道路。

一般地，加入生态补偿机制可以有效地减少地方政府选择排污的概率。然而同样地，随着利益集团分化的数量增加，中央政府监管成本提高，最终监管机制会失效。建立流域管理委员会这样一个统筹流域发展的机构，虽然在一定程度上可以降低监管成本，但是对监管机制失效、"搭便车"者数量增加的情况无能为力。

表 5 – 10　精简约束后的三地博弈树

效用	下游是否索赔	下游	中游是否净化	中游是否索赔	中游	上游是否净化	上游
$(U1-B1,U2+B1-B2,U3+B2)$	是						
$(U1-B1,U2+B1,U3)$	否		否		是		
$(U1-B1,U2+B1-\beta C1-C2,U3+A2)$	N/A		是			否	上
$(U1,U2-B2,U3+B2)$	是						游
$(U1,U2,U3)$	否		否		否		
$(U1,U2-\beta C1-C2,U3+A2)$	N/A		是				
$(U1-C1,U2+A1-B2,U3+B2)$	是						
$(U1-C1,U2+A1,U3)$	否		否	N/A		是	
$(U1-C1,U2+A1-C2,U3+\alpha A1+A2)$	N/A		是				

四、有串谋情况下的上中下游博弈

前文分析的情况都是在没有串谋的情况下进行的，然而现实中，往往存在着不同利益集团为了自身最大化利益相互勾结在一起的情况。由于排污行为会受到中央政府的惩罚，上游和下游可能会串谋在一起，前面分析中央政府对流域地方政府的直接监管存在种种不便，因此上游就有可能逃过中央政府的惩罚。

同样地，本书也简单地把西江流域和黄河流域分为上游、中游和下游，上游可以选择排污或者净化，但是排污时会面临中游提出的索赔；中游能够选择索赔以及不索赔，同时还能够选择排污或者净化，但是排污时也会面临下游提出的索赔；下游可以选择索赔或者不索赔。

一般地，有直接利益关联的只有上游和中游以及中游和下游，那么也只有上游和中游串谋、中游和下游串谋两种可能。

本节首先分析上游和中游串谋的情况，上游和中游串谋都进行排污，由上游补偿中游一定费用用以弥补下游索赔的费用，那么各地的收益情况如表 5 – 11 所示。

D：上游与中游串谋，支付给中游的串谋带来的损失。

表 5 – 11   上游与中游有串谋时的三地效用

	上游、中游、下游分别的效用
串谋	$R1 - D$，$R2 + D - B2$，$R3 + B2$
不串谋	$R1 - C1$，$R2 + A1 - C2$，$R3 + \alpha A1 + A2$

当 $R1 + R2 - B2 > R1 - C1 + R2 + A1 - C2$，即上游与中游两地串谋收益总和大于不串谋的总和时，串谋就会发生。接下来分析串谋存在的可行性，本书前面关于上游和中游不会选择排污的原因是当上游、中游排污时，中游和下游分别会向流域管理委员会提出仲裁，最后产生的索赔额会大于上游和中游净化的成本，因此不会有流域地方政府偏离净化的选择。但是当不同流域地方政府可以选择信息共享，成立一个联盟时，情况会有所变化。

上游与中游串谋的收益在 $C1 + C2 > A1 + B2$ 时，是大于非串谋的情况的，对条件进行变形，上述约束条件等价于 $C1 > D > A1 + B2 - C2$。西江流域上中游地区地处云贵高原，黄河流域上游地处高原冰川、草原草甸和三江源、祁连山，中游地处黄土高原，交通不便，缺乏内在以及外来的投资额，是中国欠发达地区之一。西江流域和黄河流域的工业化水平尚处于工业化的中前期，发展模式也基本以粗放型为主，粗放型的经济增长模式，资源消耗较高，成本较高，经济效益却低下，从而选择净化的成本（$C1$）较大。净化就意味着整改甚至关闭大批产业链低端的企业，对地方经济影响较大，而且由于西江流域和黄河流域较其他地区发展较为落后，生态破坏不明显，因此上游净化对中游地区经济发展的提升（$A1$）并不明显。虽然下游会对中游提出索赔，但是只要上游净化成本足够多，以及净化给中游带来的效益足够小，这个串谋就可以存在，特别是在经济欠发达地区，串谋存在的可能性更大。

接着分析关于中游与下游串谋的可能性问题，中游选择排污并且给下游一定补贴，这与下游遇到中游排污时选择索赔是一样的，下游的索赔额总是会高于或等于中游的净化成本，因此串谋在中游和下游是行不通的。

面对上游和中游串谋的问题，并且下游并不知道具体是仅仅中游选择排污还是上游和中游都选择了排污，因此流域管理委员会要做的就是在市场主导不变的前提下，对不同地域政府之间的串谋进行监督，让不同政府之间的财政不能直接往来，索赔等仲裁行为产生的钱款必须通过流域管理委员会才能支付给索赔方，从途径上杜绝流域地方政府间的串谋行为。

第三节　中央政府与流域地方政府的无限期博弈

讨论完单期的博弈行为，本节将讨论无限期博弈的情况与单期博弈会有何不同。单期时，考虑到污染治理的成本较大，成本不仅仅包括污染物的净化，还包括对排污严重的企业的停业整顿以及关闭带来的产出减少，治理的收益较少，收益主要是来自无污染的水环境给生活生产带来的便利。

考虑多期时，保护水环境虽然损失了一部分经济增长，但是能够保证经济稳定、持续地增长，然而破坏环境即使在第一期内获得了额外的经济增长，但是从长远来看，随着环境恶化，经济增长受环境破坏的制约日益严重，经济的快速增长将会是短期的，后期政府将会疲于应对环境治理的问题。

本节假设流域地方政府在资源有限的情况下对选择排污和净化进行博弈，资源是公共的，但是资源有限是合理的，经济学产生就是为了解决资源稀缺性这个问题。

一、模型的框架

本节将通过计算选择净化与排污两种不同经济发展模式下的社会总效用值直观地来比较两种发展模式的优劣。

首先假设：

$u1$，$u2$，…：选择排污在第一期、第二期……带来的效用。

$v1$，$v2$，…：选择净化在第一期、第二期……带来的效用。

β：效用贴现率。

排污总效用 $U = u0 + \beta u1 + \beta u2 + \cdots + \beta exp（T）uT$

净化总效用 $V = v0 + \beta v1 + \beta v2 + \cdots + \beta exp（K）vK，K > T$

简单地，从上文分析看到虽然第 i 期时政府选择净化带来的效用会小于政府选择排污带来的效用 $vi < ui$，但是一般情况下环境的承载能力是有限的，选择排污可以维持的期数会比选择净化可以维持的期数少，即 $K > T$，因此，在一定参数条件下净化的总效用会比排污的总效用大，即 $V > U$。接下来本节将分析在何种参数设置的情况下净化的总效用会比排污的总效用大，并且讨论该情况是否更符合现实社会状况。

二、模型的具体化以及计算分析

在上述框架下，这里对模型进行细化，本书采用柯布—道格拉斯生产函数，保证了边际报酬为正，同时边际报酬递减，为了使模型简洁明了，本书使用了线性的效用函数形式。

Z：假设的资源总量；

$K1$：政府当年选择净化所消耗的资源；

$K2$：政府当年选择排污所消耗的资源；

X：自然环境每年能够再生的资源量；

β：效用贴现率。

$Y = \alpha lnKi$，为了研究方便，本书假定产出为这样的函数形式，它符合本书的边际产出大于零，同时规模报酬递减的一般经济学假设；

$Ui = kPY$，本书假定效用与一般货币量呈线性关系，其中 P 为一般物价水平。

那么，可以得出政府选择净化所得到的总效用：

$$U = kP\alpha\ln K1 + \beta kP\alpha\ln K1 + \cdots + \beta^{\overline{k_1-X}} kP\alpha\ln K1 = （1 - \beta^{\overline{k_1-X}}）/$$
$$（1 - \beta）kP\alpha\ln K1$$

$Z/（K1 - X）$ 为经济在政府选择净化条件下可以持续的期数。

同样地，可以得到政府选择排污时得到的总效用为：

$$V = kP\alpha\ln K2 + \beta kP\alpha\ln K2 + \cdots + \beta^{\overline{k_2-X}} kP\alpha\ln K2 = （1 - \beta^{\overline{k_2-X}}）/（1 - \beta）$$
$$kP\alpha\ln K2$$

$Z/（K2 - X）$ 为经济在政府选择排污条件下可以持续的期数。

两种选择的效用之比为：$U/V = （1 - \beta^{\overline{k_1-X}}）/（1 - \beta^{\overline{k_2-X}}）\ln K1/\ln K2$

当选择净化，对环境影响无限小的时候，可以理解为，经济达到真正的可持续发展，也就是 $K1 = X$，那么 $U/V = （\ln K1/\ln K2）/（1 - \beta^{\overline{k_2-k_1}}）$。

当满足条件 $U/V = （\ln K1/\ln K2）/（1 - \beta^{\overline{k_2-k_1}}）> 1$ 时，理性的政府在无限期下会自觉选择净化，当 $K2 \rightarrow K1$ 时，分子 $\ln K1/\ln K2 \rightarrow 1$，分母 $1 - \beta^{\overline{k_2-k_1}} \rightarrow 1$，显然，当排污对环境影响很小时，两者行为影响差距不大，但是当 $K2 = 2K1$ 时，分子 $\ln K1/\ln K2 = \ln K1/\ln 2K1$，分母 $1 - \beta^{\overline{k_2-k_1}} = 1 - \beta^{\overline{k_1}}$，令 $K1 = e$，$Z/K1 = Z'$，那么 $U/V = 1/（1 + \ln2）（1 - \beta^{Z'}）$，当 Z' 越小时，$\beta^{Z'} > 1 - 1/（1 - \ln2）$，$U/V$ 会大于 1。Z' 越小意味着每期破坏得越严重，无限期下净化的总效用会与排污下的总效用差别越来越大。

综上所述，在考虑无限期情况下，社会对环境的破坏越严重，选择净化给社会带来的长久收益会越高，实现社会可持续发展才是整个社会的帕累托最优行为。

第四节 结论与设想

一、博弈分析的基本结论

本章分中央政府与地方政府之间的博弈、地方政府与地方政府之间的博弈、无限期的博弈三部分对西江流域进行分析。

第一，中央政府与地方政府之间。地方政府在经济发展中，往往更注重短期经济效用最大化，而中央政府面临的是经济长期可持续发展的问题，因此中央政府会对地方政府进行监督，并对污染情况进行惩罚。由于中央政府检查受监管成本影响，采取抽查政策又会让地方政府抱有侥幸心理，而且惩罚力度过小也会让地方政府觉得不痛不痒，所以本书提出中央政府通过设立流域管理委员会的途径来增加监管的力度并且降低监管的难度，此外，通过加大惩罚力度来辅助威慑地方政府排污行为。

第二，地方政府与地方政府之间。由于流域经济的特殊性，上游地区采取排污的行为往往是由整个流域地区来共同承担污染带来的损失，而下游地区排污行为却对上游地区产生的污染影响较小，因此上游地区往往不愿意对排污行为进行约束，从而给下游地区带来了负的外部性；虽然上游地区经济发展比较落后，相对于下游也得到了发展。所以本书希望建立生态补偿机制，一方面通过上游污染、下游索赔来约束上游的排污行为，索赔额越高，上游排污的可能性就越低；另一方面通过上游保护、下游补偿的方式鼓励上游减少排污行为，下游对上游的补偿越高，上游排污的可能性就越低。此外，为了让上游得到发展并且减少环境污染，本书还呼吁下游经济较发达地区对上游提供技术、资金的支持来帮助上游保护环境。

第三，无限期的博弈。在终身追究制等情况下，地方政府不仅考虑自己任期内的经济效用最大化，更考虑地区未来的经济效用最大化，从而会选择经济可持续发展道路。这种情况下，地方政府在中央政府不对其进行监管的情况下也会自觉选择保护环境的策略。

二、从博弈论中看流域发展存在的问题

从中央政府监管者的角度考虑，中央政府希望降低监管成本的同时，提高地方政府的环境保护意识，从而让社会福利达到帕累托最优。然而，通过本书的博弈分析发现，地方政府对环境的保护力度与中央政府的监管力度成正比、与监管成本成反比。因此中央政府主要面临两方面的问题：

一方面需要合理控制监管成本，在不降低质量的情况下减少监管成本；另一方面加大监管力度，防止地方政府投机行为的出现，保证流域经济又好又快地发展。

对于地方政府，结合流域发展实际，为了实现流域整体的发展，政府还面临着以下一系列问题：第一，流域上下游发展差距较大。例如，西江流域下游广东省部分已经迈入工业化中期，然而上中游的云南、贵州、广西等省区却处于工业化初级阶段；第二，流域生态较为脆弱，公共资源易产生"公地悲剧"，局部地区水体污染严重，水源涵养能力下降，水土流失严重，地质灾害危险较大；第三，跨地区监管难度大、监管力度不足，流域与中央地理距离比较远，而且有些流域横跨多个省份，地方政府之间政策具有差异性，造成地方政府管理复杂，监管力度较弱。

三、落实流域管理委员会职能

鉴于以上"一揽子"问题，流域地方政府之间应该统筹协调发展思路，在地区发展程度不一致的基础上实施差别化的发展战略，统一将整个流域划分为优先发展级、限制发展级和禁止发展级三类区域。深化流域差别化发展思路，统筹确定利用先天环境优势发展特色农林业、旅游业、退耕还林和生态保护的重点区域，限制甚至禁止发展污染严重的工业和开采煤炭、硫铁矿等高污染资源。统筹制定使全流域特别是上中游地区可以接受的生态补偿政策，妥善处理上游与中游之间、中游与下游之间、区域之间发展与保护、污染与补偿的利益冲突，最终实现地区的多赢。因此，一个统一的管理机构——流域管理委员会的建立势在必行。流域管理委员会的建立可以有效解决中央政府监管问题和流域统筹发展的问题。结合前文分析的问题，流域管理委员会这样一个管理机构的存在具有以下六点作用。第一，由于流域横跨多个省份，流域管理委员会的设立可以有效减少地方之间的摩擦以及减少中央对地方监管的成本。第二，保证下游对中游、中游对上游索赔的实现，同时保证索赔的合理性，将流域各地方政府的最优选择引导到社会的总体最优路径上来。第三，保证上游与中游不能进行串谋，通过财政监管，达到瓦解不同利益集团的目的。第四，对流域的总体发展统筹调度，统筹规划基础性建设。基础性建设是流域整体发展的前提，统筹规划能够防止重复建设和盲目建设，体现出经济效益，流域管理委员会的规划能够实现先富带动后富，最终实现共同富裕，在经济发展中同时兼顾效率与公平。第五，保护流域生态环境，促进流域健康发展。坚持"在环境保护中开发，在开发中保护环境"的原则不动摇，同时做到保护生态和生态建设并重，防止污染与污染治理并举。第六，利用增长极理论，统筹城乡发展，加快城镇化脚步，以各省会及较发达城市为点，跨越固有行政区划的界限，做到人才、资源、技术的互通有无，加强各地区之间的联系。

第六章　国内外流域经济发展的经验及启示

　　世界范围内的很多国家，都是通过在其国土范围内大力开发流域资源，进而促进本国经济的发展。流域的发展受不同地区的环境和河流本身情况的影响，因此，流域经济发展模式也呈现多样化，但相似流域结构与资源也使流域经济发展在很多方面具有共性，尤其是在流域的未来发展趋势上具有极强的一致性。第二次世界大战以后，全球经济进入高速发展时期，世界各国都特别重视其流域开发与利用，如此一来，流域经济发展无论在规模上还是深度和广度上都在迅速提升。在欧美发达国家，流域的经济发展基本上走的是"先污染、后治理"的道路。但时至今日，大多数的发达国家已经建立了流域水资源—经济—环境综合管理的可持续发展模式。国际和长江流域开发经验表明，流域综合管理为我们提供了一个能将经济发展、社会福利和环境的可持续性整合到决策过程中的制度与政策框架。在国内外流域开发的过程中，已经积累了一些有益的经验和教训，这些对于流域的研究有着极强的借鉴意义。

第一节　澳大利亚墨累—达令流域的发展

一、墨累—达令流域的发展模式

　　墨累—达令河位于澳大利亚境内，是澳大利亚最长的河流，其长度达2589千米，流域面积达107.2万平方千米。它流经包括昆士兰州、南澳大利亚等大部分地区，拥有着最大的流域面积，占澳大利亚土地面积的1/4。澳大利亚1/4的牛群及一半以上的羊群均来自这里，因而这里已经成为澳大利亚农牧业最大的种植养殖基地。澳大利亚一半的耕地面积也在这里，其灌溉面积为153.33万平方千米，比例占到了75%。流域内人口也已经超过223万人，占澳大利亚总人口的11%。由于饮用水冲突及干旱，澳大利亚的第一个分水协议《墨累河河水管理协议》于19世纪末签署。由于联邦政府从中协调，墨累—达令流域的维多利亚、南威尔士及南澳大利亚终于就分水协议达成了共识，于1917年对饮用水及灌溉水进行了重新配置并予以实施。这种严格的分配制度很大程度上促进了墨累—达令流域经济的发展。但由于使用过程中的粗放利用及过度排放，在20世纪60年代，这个流域再度出现由环境污染而引发的各种问题，土地沙漠化及盐碱化形势严重。加之受工业化影响，用水量急剧上升导致河流蓄水严重减少，加之蓝藻的影响，澳大利亚爆发水质危机。

面对严峻的水质污染问题形势，澳大利亚积极采取应对措施，实施了集权及协商相融合的管理模式，将权力与责任层层下放，本着有利于水资源使用及配置的原则，以生态保护为宗旨，促进流域经济的生态建设及科学发展。

1988年1月1日，墨累—达令流域委员会成立。整个管理机构分为三个层级，第一层级为各州府组成的部长委员会，负责对各州的水资源及土地等予以分配。第二层级为具体执行机构，其中包括墨累—达令流域委员会及委员会办公室。流域委员会的成员皆为各州府首脑，他们的职责就是负责就环境、土地、水资源等问题予以商讨。委员会办公室遵从与执行上一级的决议及指令等。比如，具体参与水资源的规划、分配及管理等。社区委员会为第三层级，由利益集团负责人及各区派出的代表组成，其职责为对决策及计划的执行情况向第一层级汇报等。

二、墨累—达令流域经济发展模式的启示

墨累—达令流域经济发展尤其重视流域的管理及治理模式。特别针对流域的协调治理及水资源的合理使用，都需要相关部门及社区的积极参

与。在相关决策制定上，均以各州及流域的整体利益为原则，并在制定环节，流域管理机构需要根据现场实际进行模拟及研究，并与社区代表一起参与政策的制定，最后形成统一方案，对流域进行科学治理。为了有效执行相关决策，政府给予极大支持，并与社区一起承担治理义务。具体行动由政府、流域管理机构、各社区委员会及相关部门执行，采取有效及多层次管理机制负责对流域的治理及管理。

在墨累—达令流域综合开发中的水决算及整体流域管理（ICM）是最具代表性的模式。对整体流域进行管理需要考虑的因素很多，其中包括对水资源的保护、对土地退化的预防及生物多样性的保护等。通过决策的实施，将各个部门及社区涵盖进来，确立整体经济目标，对周边土地及水资源进行有针对性的管理等，依据区域环境及地质情况进行协调管理，充分体现出 ICM 的整体要求，也就是在整体上突出对过程、空间、战略和利益的协调及管理等。而现实中对流域的管理极为复杂，困难也是显而易见的，单单依靠政府的力量很难彻底解决。在对流域进行决策时，必须兼顾下游地区，在对流域实施管理中，必须将流域涵盖的区域作为一个整体，将它们衔接起来。这时就需要积极发挥流域委员会的相关职能，将其与政府的支持及合作力度体现出来，要考虑到流域的整体利益。

墨累—达令流域管理模式，因是流域整体综合开发和协调管理的成功模式而备受推崇。该模式在内容上体现为对水资源实施水决算，开展水贸易。这个决策实施的目的是提升公众对水资源的认识，提升水资源的价值；充分体现出水的稀缺性，将水文、地下水及河流等作为一个整体进行考量，再根据环境需要对其进行合理分配，制定与消费挂钩的水价机制，其中涵盖与水有关的全部费用。水权也应该像土地及财产一样，建立相关贸易机制，由政府对州政府实施奖励。

从对西方国家流域发展模式的分析来看，每个国家在流域资源条件、生态环境等方面都存在一定的差异，国家体制、组织结构也存在很大的差异，不能照搬西方国家流域经济发展模式，而是要根据我国流域自身的情况，与西方国家的成功经验相结合，扬长避短。总结各国政府在流域经济发展模式中的共性，可以看出，首先，政府非常重视流域的发展，以及经济发展与环境保护之间的关系。其次，各国政府大多是结合本国具体自然资源条件、社会文化背景及政治体制，强化流域统一规划和整体开发。在流域发展中，进一步完善和转变发展模式是必要的，通过建立权威高效的流域统一管理机构，重视生态环境保护，提高资源的开发利用率，改变当前"多龙管水"的格局，探索流域经济发展转型模式。只有这样，才能切实有效地解决当下我国流域区域发展中遇到的种种难题，推动我国流域经济、社会、资源协调发展。

第二节　长江流域的发展

一、长江流域的发展概要

长江流域横跨我国东部、中部和西部三大经济区，全长 6397 千米，流域面积达 180 万平方千米，约占中国陆地总面积的 1/5，是中国和亚洲的第一大河，世界第三大河。长江发源于青海省唐古拉山，最终于上海市崇明岛附近汇入东海。长江流经青海、西藏、云南、重庆、湖北、湖南、江西、安徽、江苏、上海 10 个省、自治区和直辖市，数百条支流延伸至 8 个省、自治区的部分地区，总计 19 个省级行政区。

长江是中国水量最丰富的河流，约占全国河流总径流量的 36%，在世界上仅次于赤道雨林地带的亚马孙河和刚果河，位居世界第三。因其水资源丰富，支流和湖泊众多，长江滋养着南方土地，形成了我国承东启西的现代重要经济纽带。长江流域的经济以农业、渔业和旅游业为主，因该流域的大部分地区属于亚热带季风气候，四季分明，温暖湿润，许多地区雨热同期，农业生产的自然条件优越，所以该区域的农业发展较为迅速。长江流域粮食产量占全国的 40%，其中水稻产量占全国的 70%，棉花产量占全国的 1/3 以上，成都平原、洞庭湖区、江汉平原等地区都是中国主要的商品粮生产基地。气候高寒的青藏高原因其独有的气候条件，成为中国主要的牧区，因此长江流域又是畜牧业生产的重要基地。长江流域的渔业发展也较突出，其湖泊众多，河川如网，鱼类的品种、产量均居全国首位，占全国产量的 60% 以上。但改革开放以来，由于长期粗放式发展，长江"双肾"洞庭湖、鄱阳湖频频干旱见底，接近 30% 的重要湖库处于富营养化状态，长江生物完整性指数到了最差的"无鱼"等级。据统计，近半个世纪以来，长江干流的渔业资源逐渐下降，从 1954 年的 43 万吨下降到 2011 年的 8 万吨，降幅超过 80%，平均每年下降了约 1.5%。2019 年国家印发了《长江流域重点水域禁捕和建立补偿制度实施方案》，在长江干流和重要支流等重点水域逐步实行合理期限内禁捕的禁渔期制度，2020 年底以前实现长江流域重点水域常年禁捕，政府着力把修复长江生态环境摆在首要位置，着力强化顶层设计、改善生态环境，扎实推进水污染治理。江西省宜春市各县区议定 14 份跨县流域横向生态保护补偿协议，交接断面水质按月考核，达到协议要求，由下游县区补偿上游县区；未达到协议要求，则由上游补偿下游。2021 年 3 月 1 日《中华人民共和国长江保护法》正式施行，这是我国首部流域保护法律，对于加强长江流域生态环境保护和修复、促进资源合理高效利用、保障生态安全有着重要作用。

二、长江流域经济发展模式的启示

（一）重点推动生态环境保护与修复

近年来，政府着力对如何保护与修复长江流域生态环境做出了努力。例如，政府强调加强对长江流域生态环境保护与修复，加强对长江干支流、重要湖泊的修复，努力保持生态环境的原真性和完整性，强化河湖生态水量保障，推动建立枯水期重要河流生态用水，优化水资源配置，加强农村和贫困地区的水利工程建设，有效保障城乡居民生活用水和河湖基本生态水量。严格落实水资源管理制度，加强"三条红线"的约束作用，大力倡导居民节约用水，减少不必要的水资源消耗。各地区政府设立专项资金用于流域水生态环境的修复和治理，并根据当地产业发展的实际情况，实行生态环境准入政策，限制高能耗、高排放和高污染产业的发展，大力发展清洁产业，有效引导劳动和资本等生产要素从污染产业向清洁产业流动，优化产业结构，进而推动流域经济高质量发展。

长江流域的经济发展模式做到了从根源抓起，先搞好生态环境，生态环境是根本，只有生态环境保持健康良好的状态，经济运行才会更稳定。因此我们可以借鉴长江流域的经验，从源头抓起，先保护好生态环境，为经济发展打下坚实的基础。

（二）加快建立跨区域的生态补偿协调机制

2016 年《长江经济带发展规划纲要》正式印发，强调长江经济带经济—社会—自然的系统耦合，实现各区域各主体的利益协同，推进均衡性协调发展。建立跨部门、跨地域的生态补偿协调机制，促进流域上下游协同治理，明确跨行政区域河流交接断面水质保护的责任主体，根据流域分段水质实际情况和预想达到的水质状况签订流域环境合作协议，并以此实施资金来源多元化和补偿方式动态化的生态补偿机制，确保流域水资源的可持续发展。长江流域的各个区域应当构建长江经济带生态利益共同体，将不同的部门联合起来一起承担保护长江流域的生态任务，实现长江经济带跨省、跨部门的协同互动和信息资源共享。长江流域的问题往往具有全流域连贯、政区衔接的特点，各政区的职责很难划分，利益共同体可以让多个省区联合集中于某个项目的修复，治理效率更高。长江流域应加快建立多维整合的市场体系，大力推进再贷款以及政府参与的绿色资金投入，将其与生态建设相结合，探索多种筹资模式。

长江流域通过建立跨区域协同机制，有效地刺激经济的发展，建立了多个自贸试验区和综合保税区，2019 年货物贸易进出口总额突破 2 万亿美元。流域可以借鉴长江流域的成功经验，建立流域跨省联席会议制度、监测机制、合作公开机制，共同促进流域经济的发展。

（三）健全相关法律法规

2021 年颁布的《中华人民共和国长江保护法》是我国第一部流域法律，统筹协调了上中下游之间、中央与地方之间、不同行业之间、不同法律之间的关系，在水资源、水污染、生态环境修复以及高质量发展方面都有相关的法律制度规范监督长江流域的各项工作。不仅长江流域在流域治理方面有相关的法律法规来保护长江，俄罗斯西南部的伏尔加河也专门设立了伏尔加河全流域性的自然保护检察院，该检察院有专门的《俄罗斯联邦检察院法》对伏尔加河的生态环境以及基本建设项目进行监督。欧洲在1994 年就有《多瑙河保护和可持续利用合作公约》来保护多瑙河。欧洲的莱茵河流域国家先后签订了《莱茵河 2000 年行动计划》《保护莱茵河公约》《莱茵河 2020 计划》等法规，致力于共同治理该流域。1876 年，英国制定了世界上第一部水环境保护法《河流污染防治法》，之后又先后制定了《河流法》《水资源法》《防止油污染法》《水法》《污染控制法》等相关法律法规。

　　由此可见，法律法规对于流域的管理具有重要意义。流域可借鉴国内外流域的相关法律法规，结合流域的特点，制定适合该流域的法律法规，推进流域的各项产业和基本建设。

第七章　流域生态保护与高质量发展路径

改革开放以来，中国经济快速发展的同时，也承受着人口、资源、环境的巨大压力，在以往流域经济发展的路径上通过向大自然的过度索取而实现经济高速增长，把发展的概念禁锢于经济增长本身，将人类的生活也归结于物质生产的本身，一味地追求经济增长的速度，采取传统的"生产型"的发展模式。然而，由于环境及资源的制约，这种模式已经步履维艰。从流域层面来说，目前，流域人口增长，经济发展同生态环境、自然资源的矛盾加剧，水资源浪费和水污染问题依然存在，水质下降、生态环境遭到破坏、上中下游发展不均衡问题等，这些都威胁着人类的基本生活。目前，中国经济发展进入新常态，在做好坚持以经济建设为中心，持续推进新型工业化、城镇化、农业现代化的同时，摒弃原有的以 GDP 作为衡量经济发展的唯一指标，把经济发展的重心由提高人们的物质生活水平转向提高人们的生活质量，将经济发展模式由"生产型"转向"生活型"的高质量发展模式，促进流域的可持续发展。

流域经济"生活型"发展模式必然是"生态型"高质量发展模式，是流域经济生态保护与高质量发展模式。可持续发展，即是在满足了当代人需求的同时，又保障了后代人的利益与权利的一种发展模式，是"生活型"高质量发展模式的前提条件，在此基础上实现经济增长，进而提高人们的生活质量。本书研究流域经济发展，把研究的中心聚焦于流域的水资源，以及流域内其他自然资源、生态环境的合理开发与保护，旨在能够长期可持续地发展。流域要健康可持续发展，有三条路可以走：一是生态的转变；二是调整产业结构；三是创新驱动发展。科学、合理的流域管理体制和管理机制，是有效管理、规划流域及周边资源的先决条件，是实施流域经济可持续发展战略目标、实现流域经济发展模式转型的基本保证。

第一节　流域生态保护与高质量发展诸问题
产生的原因

一、发展模式层面

（一）高质量发展模式转变

发展社会经济，对资源进行开发利用，是当前政府服务民生、发展民生的重要渠道，但是在这一过程中，我们首先要对经济、生态、健康这三者以及三者间的联系有充分的认识和考虑。这三个方面互为基础、互为前提，离开哪一个方面，都不可能科学发展。而当前有些地方政府，片面地发展经济，片面地追求政绩，最后必然会影响地方经济的发展。第一，经济发展是一切发展的基础，只有经济得到充分的发展，人们才能获得比较丰富多彩的物质和文化生活；同时，经济的长足发展，也能带动新技术、新技能的投入，从而有效地改善人类居住环境。第二，保护生态、环境是经济发展的基本前提。人们要想生活在一个健康、良好的生活环境里，必须要努力改善周边的生态环境，只有有了良好的生态环境，才能激发人们的创新、创造能力，推动经济水平不断提升。第三，健康是推动发展的重要保障。不言而喻，健康是人类开展一切活动的前提，没有了健康，不仅生产无从谈起，人类也难以享受劳动的生产成果。目前，在流域的开发利用中，只注重开发，不注重保护的现象依然存在。

西江流域和黄河流域有着丰富的矿产资源，同时该区域还拥有水位落差的天然优势，适合修建类型多样的水电站，为地方经济社会发展提供保障。当地政府十分注重用资源来带动地方经济的发展，但是对群众生活质量的提升却有所忽视。目前，我国的经济条件不断改善，市场环境也在深度优化调整，在此背景下，人们对于发展的理解往往只停留在提升经济效益上，由于理解上出现了偏差，引发了经济发展和生态环境保护的两难问题。第一，市场在运行机制上存在自发性，有一定的局限，不能对生态所蕴含的价值进行有效的反映。在这样的条件下，注重发展，而忽略了对生态环境的保护。第二，生态作为一种新型的生产力，到目前为止，还没有被人们充分认识，过度的开发行为带来了生态严重破坏的问题。这一切都根源于在思想观念上存在错误的认识，严重地制约了流域的经济社会可持续发展。因此，流域的经济发展，一定要考虑自身资源和生态环境的承载力，不得以牺牲后代的利益为代价。只有如此，才能实现地方经济的可持续发展。所以，在对流域开发利用的过程中，当地政府要牢牢把握新发展理念，在发展中把经济、生态和人民健康统筹协调起来，坚持节约优先、保护优先、以自然恢复为主的方针，推动形成节约资源和保护环境的空间格局。

（二）产业结构特征

当前，黄河流域与西江流域第二产业占比较大，发展较为稳定，第三产业占比则持续增加，产业结构在优化升级中。西江流域和黄河流域经济发展还不平衡，流域下游部分自然资源较少，所以在这些区域，发展对资源的依赖性不大，通常是采用技术、管理和资本投入等方式，促进地方产业发展。从第一产业来看，城郊农业和生态农业占据主导地位，发展蔬菜、水果以及花卉种植等产业，当地居民的日常生活需要得到了基本保障。从第二产业来看，其极大地拉动了当地的经济发展。随着资金和技术的陆续引进，生物、电子信息等高技术产业得到了长足发展，轻工业、劳动密集型制造业和装配加工业在当地已经形成气候；但是在西江流域上游地区，其发展程度和中下游地区相比，远远落后，呈现出生产力水平低下、技术含量微弱、人力资源缺乏等问题，推动产业发展更多是依赖地方的自然资源，因为在技术方面跟不上时代步伐，在产业发展和原材料加工上，都还处在初级阶段，产业多是劳动密集型和资源密集型，发展的模式比较单一，不够合理。黄河流域发展呈"上游落后、中游崛起、下游发达"的阶梯状分布形态，流域自然资源较为丰富，各种矿产、天然气、石油等资源在国内名列前茅，因此部分资源富集区长期处于开采和粗加工的低端，依靠资源来拉动经济对环境造成了污染和破坏，同时由于地域资源约束，上、中、下游地区产业发展呈现层次差异，技术发展成果转化能力较弱，跟不上生产需求；第一产业则由于生态基地脆弱，水资源短缺，泥沙和洪水等因素的影响制约了黄河流域农业的发展。

二、制度因素层面

（一）市场作用

市场一般可以按照经济发展规律，对资源进行合理有效的配置。但是市场一旦失灵就会丧失相关功能。所以，政府在市场经济中，要发挥宏观调控作用，对市场进行有效的引导，促进其对资源的配置实现优化和科学，最大化地实现社会效益。这就需要我们在平时做到，不硬性地把外部效果纳入产品或服务的成本，与市场或者交易没有关系的人群，不应该承受这种硬性纳入的成本。[①] 在水资源使用中，因为流域的水资源属于公共产品，不像其他商品一样具有排他性，所以任何企业或个人都有对其进行最大化消费的动机，而不需要在环境方面付出相应的成本。在对流域进行开发的过程中，发生的市场失灵现象主要表现在流域污染上，污染的主体不承担相应的责任，而是将其转嫁给社会或他人，因为得不到针对性的治理，流域资源正在快速退化。

（二）宏观调控

在政府内部，因为制度体系的不合理，往往会引发相关部门对市场进行不合理的干预，这就导致政府失灵现象的发生。一旦发生政府失灵现象，最直接的结果就是导致市场价格与实际价格产生偏离，进而市场秩序变得紊乱难以控制。前文已经论述，因为水资源具有公共属性，容易引发在市场经济条件下的市场失灵现象，市场具备自动调节配置资源的作用，但是市场又存在一定的局限性，所以，在对市场进行治理时，不能完全依

---

① 韩民春. 西方经济学（微观部分）［M］. 北京：北京大学出版社,2007:284-285.

靠市场这只"看不见的手",在合适的时候,必须采用政府干预的手段,做到两者有机结合。在具体的治理市场过程中,政府对宏观经济运行进行调控。

流域的资源管理以及规划,是跨区域存在的问题。当前,尤其是在水资源利用方面,相关权益还没有完全理顺,存在着上游地区投入,而下游地区获益的情况。出现这种情况,主要是我国目前还没有形成比较科学的跨区域管理协调机制,唯一存在的水资源协调委员会,无论是在地位还是职权方面,在发挥管理协调的职能上都有很大的局限。当前,流域的管理主要以行政区划来进行,这样无疑就形成了各个地方各自为政,往往为了地方利益而不惜牺牲其他地区利益。另外,跨区域管理,还存在难以执法的问题,这种现象在流域的管理上表现尤其突出。各部门、各单位在对流域进行开发时,明显缺少整体性和规划性,没有最大化地发挥好对水资源的利用与保护作用。[①]

三、行政分割层面

在流域的整个管理中,采用的是分区管理的模式,主要按行政区域划分,此种模式最大的缺点是容易在各主体间形成矛盾,原因在于各个不同的主体间存在着不同的利益要求。考查矛盾产生的根源,不难看出是因为各个地区都是从自身的利益出发,而不是考虑长远利益和各个地方的协调发展。显然,这样的资源利用开发方式不利于流域的整体发展。

(一)统筹协调管理

在水资源管理方面,发达国家给我们提供了可供借鉴的模式,它们通常采用的是以流域为单元的管理方式。与发达国家的这种成熟的模式相比,我国对水源流域的管理,目前还处在初级阶段,采用的是行政三级体制管理,即设计水利部、流域机构和地方水利厅,行政特色十分明显。三者中的流域机构,代表的是水利部,是水利部的派出机构,行使部分水利部的管理协调职能,在具体的管理中,主要在规划使用、监督管理上发挥

---

① 广西社会科学院课题组. 西江区域发展的选择[M]. 北京:社会科学文献出版社,2012:13.

作用。比如，我国的黄河水利委员会、长江水利委员会等，都是这样的流域机构，日常主要围绕自身的职能开展一系列的研究工作，没有相对独立的财权和事权，没有实质性的管理权限。所以，在很大程度上流域机构会受到当地政府的影响，不能很好地从整体出发，去协调解决流域开发利用中存在的各类矛盾和问题。流域开发要实现可持续发展，必须走综合开发利用之路，但是流域机构因为自身的不足，很难实施整体有效的综合开发利用规划，在实际开发中常常是以无序的形式开展，给水资源和周边的生态造成了极大的破坏，影响了人们的生活环境。

2002 年，我国颁布实施了新的《中华人民共和国水法》，在新的《中华人民共和国水法》中，强调了对于流域的管理，指出要从整体性出发，对流域的开发利用实施统一的规划管理，特别强调了在水资源管理上，各级各部门要互相协调、融合管理。[①] 这就从法律层面，明确了流域管理机制，但是这种明确总体上还是原则性的规定，对于具体的管理事权并没有做出明确的界定，未能从根源上消除地方各自为政的弊端。另外，因为受制于传统观念，流域机构还没有走出"重建设、轻管理"的管理怪圈。

（二）区域分割管理方式

按照行政区域进行划分之后，地方政府出于追求自身利益最大化的需要，加入各种资源的"争夺"战中，而由于这些资源并不都属于可再生资源，一旦缺乏合理规划，就会加剧稀缺资源利用的不合理性。在"多龙管水与治水"模式下，各行政区很难相互协作共同发展，而是倾向于采取各自为战及分割管理的方式。当前实施的是流域管理体制，这种体制不利于流域内各个要素之间的自由流动。然而，由于各行政区各自拥有独立财政权，为了确保本行政区的财政收入有保障等，推行保护与机会主义，区域之间的市场壁垒加剧，引发各种贸易矛盾。各行政区实施地方保护主义，很少会顾及其他行政区的实际利益，不利于流域经济各要素的开发与运用。如在水资源的开发与利用上，地方政府在水资源管理与保护方面的力度还不够，把精力放在无节制的开发上，牟取相应的经济利益。由于缺乏

---

① 姚慧娥,徐科雷. 新《水法》的进步与不足[J]. 华东政法学院学报,2003(3):44–48.

统一规划，没有从长远及整体利益的角度考虑，导致各行政区经济发展不协调。

（三）职能分工因素

整体性流域无法进行统一规划与利用，除了被各个行政区隔开这个因素影响之外，还受制于同一行政区多个部门的制约。在当前体制下，对水资源进行管理的部门并不仅仅局限于水利部门，还包括农业、环境及林业等部门，在多部门的共同管控下，针对流域水资源的管理出现混乱，负责治污的部门没有落实这方面的管理，导致流域水资源管理缺乏统一性。在一些地区，尽管意识到缺乏统一管理水域资源的问题，同时也进行了相关讨论，但是这些讨论要么流于形式，要么缺乏执行力，这不仅会导致管理成本增加，在管理效度上也非常弱化。[①] 由于职责分工不明确，部门间相互推卸责任，部门间矛盾加剧，不能实现合理利用水资源的目标。流域内分割，缺乏统一协调机构，加上在当前行政区划格局没有获得优化的情况下，强化流域管理、注重管理机制的创新等，已经成为构建流域经济生态保护与高质量发展的关键部分。

（四）信息采集编制口径

各行政区对水资源采集的编制口径存在差异，因此，尽管有些水资源已经完成采集，但是这些数据却无法实现共享。当前，根据规划把流域分割成几个部分，而在不同的行政区，在水资源的管理上却存在较大的差异性，所采取的方法及管理方式也不同。首先，流域水系统具有自身的属性特点，而这些特点决定其相应的信息具有不确定性，信息方面的不确定性就很难发挥决策效应，管理者很难通过这些信息资料进行相关决策。其次，信息在各个部门间不畅通，很多部门并不注重信息的共享，而是实施信息垄断政策，不利于最大化利用信息。加上各部门尤其是跨部门间的合作力度较为弱化，没有进行及时交流与沟通，一些先进的科学分析法无法运用到实际，导致针对水资源的分析数据在科学性方面存在不足。与此同

---

① 黎元生,胡熠. 论水资源管理中的行政分割及其对策[J]. 福建师范大学学报(哲学社会科学版),2004(4):54－57.

时，有些部门甚至实施垄断管理，对相互间的部门协作持排斥态度，这显然不利于新技术等方面的普及与推广，对信息的提取与运用上非常不利。此外，也需要提升法律方面的支撑力度。当前法律并没有明确监督主体单位，各部门及各行政区针对流域水资源管理方面不够重视，相互之间缺乏监督与制约，导致各种违规事件频频发生，因此，还需要对相应法律进行完善。

第二节　流域生态保护与治理

一、构建绿色生态高质量发展经济带

牢固树立山水林田湖草沙生命共同体理念，建立完善的"三线一单"生态环境分区管理体系，严守生态保护红线，统筹推进生态环境修复治理，恢复生物多样性，高层次、高水平打造流域绿色生态高质量发展经济带。

（一）保护生态涵养区

坚持把生态建设和保护作为首要任务，不断完善生态屏障和生态服务功能。严格控制并减少重点生态保护区的生产经济活动，完善生态建设与保护的长效机制。坚持经济发展以保护生态为前提，更加注重资源节约，大力发展循环经济。充分发挥生态资源效益，立足国际大都市特点，大力发展生态服务型经济。把握区位优势，发掘优势资源，优化第一产业和第三产业，实现产业升级。坚持把融合化发展作为产业优化升级的重要途径，实现生态保护和经济发展的融合互促。促进农业与旅游业的融合，促进传统产业与现代服务业、高新技术产业的融合。加强与周边地区的生态保护协作，打造生态屏障；整合区域资源，促进区域与发达城市的合作与交流，引入环境友好型产业，实现区域经济跨越式发展。落实生态保护政策，推进水土流失综合治理，因地制宜加强防灾减灾建设，高标准打造国家生态保护示范基地，开展生态保护数据检测，加强生态保护治理技术

攻关。

打造城市"绿肺"。持续推进荒山绿化、低效林改造及森林抚育工程，保护山体林地资源和原生地貌，构建生态功能完善、季相变化丰富的南部山区森林生态体系，到2025年核心区森林覆盖率保持在70%以上。加大自然保护区、风景名胜区和森林公园建设力度，推动各个市级自然保护区晋升省级保护区。完善生物多样性保护监测体系，加强野生动植物、栖息地环境保护。搭建森林防火智能平台，推进火险预警、防火应急道路、航空消防等工程建设，全面提升森林综合防灾减灾能力。

建立健全生态保护机制。强化森林保护单元分区管控，保护水资源涵养和保持土壤生态功能，严禁不符合主体功能定位的各类开发活动。建立生态产品价值核算体系，探索价值核算评估应用机制，创新生态农业、森林碳汇、生态旅游、健康养生等多样化生态产品价值实现方式。健全山区生态补偿制度和补偿方式，提高林地生态补偿标准，探索设立生态补偿调节基金，争创国家生态综合补偿试点。建设生态保护治理大数据平台，构建全领域、全覆盖的生态环境监测体系。

（二）打造流域生态保护带

重塑流域生态风貌。突出生态本底特色，立足差异化禀赋，分区优化流域生态空间功能，构建功能多元、有机融合、协调联动的生态风貌格局。城区段城河湿地休闲区，突出城市自然交融景致，释放节点生态功能，打造沿线风光展示区，凸显各个景区独特魅力。突出乡村旅游景区的生态农业特色，加强乡村景观与城市的创新结合，推动都市农业观光园、农耕文化体验区、特色农业展示区等农业生态空间建设，打造都市农业观光带。

打造流域两岸生态防护林带。统筹河道水域、岸线和滩区生态建设，建设集防洪护岸、水源涵养、生物栖息、微气候调节等功能于一体的生态系统。布局西江沿岸防护林体系，丰富动植物多样性，优化动植物群落结构，打造沿线林区公园；构建黄河防护林体系，提升黄河沿岸生态和景观功能。推进西江干支流沿线采煤塌陷区综合治理、裸露和破损山体修复，大力推动绿色矿山建设，建立健全平原防风固沙林体系，巩固绿色生态屏障。

推进沙滩区域的全面生态综合整治。统筹生态和农业空间，依据新一轮国土空间规划"三区三线"规划方案，推进土地利用结构调整，实行滩区分区和多样化管理。实施滩区土地综合整治与生态保护修复工程，因地制宜推进滩区退地还湿，严禁围河造田、种植阻水林木及高秆作物，打造流域特色滩区生态系统，建设耕地、林草、水系多位一体的滩区生态涵养带。合理发展生态农业、绿色养殖业和生态旅游业，严厉打击乱捕滥猎野生动物、违法开采等破坏生态的违法行为，维护生物多样性与生态安全。

（三）推进生态节点建设

建设生态廊道，着力治理水环境、恢复水生态，有机串联自然保护区、森林公园、湿地公园、重要湖库等多样生态节点，营造河畅、水清、岸绿、景美、宜游的河湖景观，实现城市与自然生态系统深度融合。推进河流沿线水体生态系统修复，实施生态区保护修复工程，推进流域生态保护、污染源头削减、入河污染防治、支流达标整治，持续改善流域水环境质量。加强基础设施建设，拓展文旅新空间，形成人、河、城和谐发展的生态美景。

将重点生态功能区、重要饮用水水源地等区域湿地纳入保护范围，打造生态友好型湿地体系，开展退渔还湖、退耕还泽，实施人工湿地水质净化工程，修复湿地水环境，改善生态水网水质，恢复湿地自然属性，营造良好的生物栖息环境和湿地景观。加强湿地资源保护管理，落实湿地面积总量管控措施，完善湿地监测网络和分级管理体系。

加快建设园林城市。打造高品质绿色生态环境，建设"园中建城、城中有园、城园相融、人城和谐"的园林城市。高标准推进城市园林体系建设，打造人城相融，园城一体的家园，提高人民幸福感。创新"公园＋"模式，推动公园形态与城市功能有机融合，培育多元应用场景，实现"人、城、境、业"协调统一。

二、建设节水典范地区

坚持"节水优先、空间均衡、系统治理、两手发力"的治水思路，强化水资源总量刚性约束，全面实施深度节水控水行动，践行节水新理念、新技术、新模式、新机制，构建水资源友好型开发模式，实现水资源与城市和谐共生。

（一）系统优化水资源配置

实际上，水资源合理配置从广义的概念来讲就是研究如何利用好水资源，包括对水资源的开发、利用、保护与管理。在中国，特别是华北和西北地区，实施水资源配置更为紧迫。其主要原因：一是水资源的自然时空分布与生产力布局不相适应，二是在地区间和各用水部门间存在着很大的用水竞争性，三是水资源开发利用关系到生态和环境问题。水资源的合理配置是由技术措施和非技术手段组成的综合体系实现的。其基本功能涵盖两个方面：一是在需求方面通过调整产业结构、建设节水型社会并调整生产力布局，抑制需水增长势头，以适应不利的水资源条件；二是在供给方面则协调各项竞争性用水，加强管理，并通过南水北调等工程措施对水资源的自然时空分布进行调整，促进区域可持续发展。

完善水网体系。统筹流域地表水、地下水和再生水等各类水源，完善跨流域、跨县区、多水源联合调度的水资源保障体系。实施水源衔接工程，加快连通调水项目建设，提高水资源互备互调能力，加快水源工程建设，实施水库增容工程。

加强常规水源的开发利用。推进重点领域污水资源化利用，完善再生水利用设施和再生水管网建设，建立再生水设施运营维护管理平台，优化再生水处理工艺，制定再生水利用优惠政策，加强城镇再生水利用。鼓励本地区就地消纳利用再生水资源，推动市政绿化、城市环卫、河流生态、城市湿地补水及小区绿化、水景观等的建设。

（二）全面建设节水型社会

强化水资源刚性约束。坚持以水定城、以水定地、以水定人、以水定产，实施最严格的水资源管理制度，推动节水载体建设，强化水资源承载能力在区域发展、产业布局等方面的刚性约束。进一步完善市、区（县）两级用水总量和用水强度控制指标体系，根据实际情况，科学合理地制定控制目标。进一步将节约水资源作为约束性指标纳入当地党政领导班子和领导干部政绩考核范围，坚决抑制不合理用水需求，建立排查整治各类人造水面景观长效机制。

大力推进农业节水。推动流域水资源管理与水资源调度系统升级转型，完善升级沿江灌溉区用水户监测系统，提高取水、用水户在线监测能力。推进大中型灌溉节水改造和配套设施提升，打造现代化灌溉区。积极推广低压输水管道，喷灌、滴灌、微灌等农业灌溉节水设施，水肥一体化、覆盖保墒等高效节水灌溉技术。扩大农业节水灌溉面积，支持农业科技园区开展农业节水示范区创建，打造智慧型保水示范区。科学扩大低耗水和耐旱作物种植比例，选育推广种植耐旱农作物。

提升工业节水效能。严格高耗水行业用水定额管理，探索建立企业节水评价机制，推广先进成熟节水工艺、技术和装备，实施电力、钢铁、化工等高耗水行业节水改造工程，提高工业用水超额水价，倒逼高耗水项目和产业有序退出。开展节水型园区建设试点，统筹供水、排水、污水处理及再生水管网统一规划和建设。综合改善工业用水重复利用率，建设一批节水标杆企业和园区。

推进城镇生活节水。将节水落实到城市规划、建设、管理等环节，实现优水优用、循环循序利用。高标准规划建设城镇供水管网，实施城镇供水管网更新改造工程，协同推进二次供水设施改造和专业化管理，新建管网漏损率控制在5%以内。开展供水管网检漏普查，改善供水管网压力控制技术，加快推进城镇供水分区测量管理，建立管网漏水管控系统。严控管理高耗水服务业用水，鼓励节水服务企业开展节水管理业务。在政府机关、学校、医院等公共机构进行节水技术改造，加快普及和推广节水器具，在园林绿化领域推广安装喷灌、滴灌设施。加强节水保泉宣传教育，开展节水进单位、进企业、进小区、进校园、进乡村活动，建设水主题教育实践基地，提高全社会节水意识。

培育扶持节水产业。加大科研资金投入，积极邀请国内外顶尖人才及高科技企业，共同构建中国产学研用一体化节水产业技术创新体系。寻找节水产业发力点，积极开发产业关联度高、市场潜力大的节水产品、材料和设备，提高中国节水产品和服务的市场竞争力。培育壮大节水服务市场，为企业提供节水技术支撑，提供专业化节水诊断、设计、改造等服务和整体解决方案，打造知名节水品牌。

构建水资源开发的评价指标体系，创新水资源高效利用体制机制，对城市发展、产业布局等进行评价。建立统一的水资源管理平台，推动水资源管理信息互通共享，实现水资源统筹谋划和精细管理。推进水资源确权，探索开展水权交易，培育和规范水权交易市场，逐步形成地区间、行业间、用水户间等多种形式的水权交易模式，引导水资源向高效益领域配置。建立节水统计调查和基层用水统计管理系统，加强农业、工业、生活、生态补水四类用户的水相关信息管理。

（三）加强泉水资源保护利用

加强泉水资源保护。加强地下水资源的动态监测，合理布置监测网，对地下水位、水量和泉水水质进行动态监测，实现科学预警预测。严控地下水开采，持续打击违法取水行为，关停城镇自用井。适时修订完善保泉应急预案，在泉域重点强渗漏带持续开展精准补源作业，确保正常降雨年份重点泉群持续喷涌。

推进泉水资源利用。加快实施泉水景观改善工程，全面提升泉水景观风貌。结合历史文化，开展节约用水宣传活动，培养居民保护城市、保护泉水、保护古街道的意识，保护泉水街巷、修缮泉水古建筑，延续"倚泉而居、汲泉而饮"的传统，发掘泉水生态旅游景观的价值，打造一批特色泉水风貌区域。

三、强化流域综合治理　确保流域长治久安

以"根治水患、防治干旱"为目标，以流域干流、滞洪区、支流河道为架构，推进流域综合治理，坚持以防为主，防抗救相结合，坚持常态减

灾和非常态救灾相统一，构筑现代防洪减灾综合体系，全面提升防汛抗旱治理能力，确保流域长期稳定。

（一）加快完善防洪工程体系

实施流域河滩综合治理。巩固提升流域标准化堤防，实行危险工程、控制、重建和加固，共同研究创新可持续工程建设，优化稳定主槽形态，提高主槽排洪输沙能力。减少沿堤坝洪涝灾害发生的次数，防止堤坝决口。要强化对滩涂的保护，对滩涂的排涝、淤积、滞洪等功能进行综合管理，为保障人民生命财产安全，做好长平滩区防洪堤的建设。

提高思想认识，优化工程设计，扎实推进工程建设，深入研究调度运用和管理问题及在特殊情况下的管控措施，充分发挥防洪排涝体系的整体效益。要加强基层防汛防台体系建设，建立健全政府主导、社会协同、全民参与的工作机制，及时准确公布防灾减灾信息。要始终坚持以人民为中心的发展思想，立足防大汛抗大灾，结合历史情况和当前实际分析防汛形势的新变化、新特点，查找短板和弱项，明确工作职责，细化工作举措，确保逐项落实到位。

保护流域沿线资源。以流域防洪安全为前提，以资源环境承载力和陆地空间开发适宜性评价为基础，科学划分海岸线功能区，合理划定生产、生活、生态空间管制界限，建立更加完善的海岸线资源保护长效机制。严格限制修建生产堤等无序活动，持续清理乱占、乱踩、乱堆、乱建行为，消除河道、滩区以及工程管理范围内的违章行为。在遵守河道工程管理规定的前提下，结合洪水管理需求，加强堤顶道路堤身的重建、堤防工程的日常检测管理及其维修工作。此外，还要加强对流域泥沙的综合治理，开展泥沙资源化利用试点，进一步巩固流域区间的防洪抢险和城市排水等综合功能。

（二）健全城乡防洪排涝体系

城乡防洪排涝是一项系统工程，涉及因素多，需要加强城市防洪排涝与城市建设、管理之间更好地互动和协调，要综合运用法律、行政、经济、技术等手段予以解决。加强重点河道、湖库治理，统筹推进流域支流防洪治理，增强突发性洪水联防联控能力，确保区域防洪安全。实施重点支流河段治理和水毁治理，加快推进排涝泵站建设，加强水库安全管理，夯实水库防汛"三个负责人"制度，严格水库违规超汛限水位运用，定期进行监测和安全评价，实施病险水库加固工程。实施重点湖库综合治理工程，增强湖库蓄洪和滞洪功能，扩展城市及周边自然调节空间。

树立城乡大排水设计理念，城市规划和建设应当在自然条件下建立自然排水河网，畅通与区域外江河湖泊水系的排水通道，使其流入江河湖泊以规划城市的蓄滞洪区，注重研究排水走向问题，排水管线不能一味服从于道路规划设计。加强对城市建设活动的管控，减少对排水防涝的不利影响。根据建设用地地表径流控制标准，由规划部门明确建设项目排水量控制指标要求，将其纳入建设土地管理详细规划，并完善相关的排水许可制度，严格加强建设项目审批环节的把关，从源头上制止对排水防涝不利的项目。

完善防洪排涝工程体系。建设完善源头减排、蓄排结合、排涝除险、超标应急的城市防洪排涝体系。坚持防御外洪与治理内涝并重、生态措施与工程措施并举，实施防洪防涝基础建设，合理开展河道、湖泊、排洪沟、道路边沟等整治工程，提高排洪排水能力，确保与城市管网系统的排水能力相匹配。加快海绵城市建设，合理布局新建城区开发强度，减少区域表面雨水流失，降低道路行洪危害。完善主要铁路泵站出口、立交道和重点低洼地区监测体系，系统开展城区易积水区域治理，确保城市内涝动态清零。

（三）系统提升灾害防治和应急能力

强化防灾减灾的预防措施。加强预测、预警、预演、预案"四预"措施，坚守灾害防御底线。加强实时降雨量信息监测报送和分析研判，优化水文观测站布局，建设水工程监测管理系统。完善预警发布机制，做好预警信息发布工作，确保预警信息及时发布。建立运转高效顺畅的调度体系，严格落实洪涝灾害救助责任人体系、安全度汛责任制、责任追究制，加强应急救援队伍建设，设立水旱灾害防御培训演练基地，强化经费、装备保障、提高专业救助能力。完善防汛物资供应体系，规划建设区域性自然灾害应急救援中心和应急物资储备基地；完善应急物资保障体系，打造西江流域应急物资保障枢纽。加强宣传引导、科普教育、专业培训和应急演练，全面提升群众防洪减灾意识和自保能力。

强化科技引领提升防御能力。立足国家生态环境大数据超级计算机云中心，依托高分辨率航天、航空遥感技术和地表水文监测、气象水文耦合、大数据、人工智能等技术，实现对水域各项数据的采集和处理。完善洪涝灾害监测系统，延长灾害预测期，完善堤防视频监测系统，收集水位、冰凌、环境等信息，动态识别骨干河流运行情况。充分运用数字化、智慧化手段，针对超标准洪水风险，对水库、河道、蓄滞洪区蓄泄情况进行模拟预演，为工程调度提供科学决策支持。完善流域智能指挥系统，运用卫星通信、无人机、5G 等技术手段，提高防汛通信指挥保障能力。

四、推进环境污染综合治理

实行严格的生态环境保护制度，实施科学、精准、依法治污，纵深推进蓝天、碧水、净土保卫战，建立健全绿色低碳循环发展经济体系，推动减污降碳协同增效，有效增加优质生态环境产品供给。

（一）统筹推动水污染治理

综合整治流域污染。完善和落实河长制、湖长制，开展流域干支流排污口排查整治专项行动，对合法合规的纳入监管，对违法违规的进行封堵。在主要支流入河口建设在线监测设施，实现实时综合水质识别和动态监控。完善河流、湖泊堤防、农村河流、沟渠的垃圾处理系统，对重要河流的生态学堤防进行保护和沉积物的疏浚重建，有效治理河道的内部污染，提高水域环境容量、自净能力，改进污染水体水的有效性，综合去除城乡地区黑臭水体，力争保护好洁净水体。

深度治理农业水污染。加强高氟、高盐废水的彻底处置和每日监督，确保产业污染源完全达标排放。促进工业园区集中化污水处理设施建设和转型，加快地方产业集群集中化污水处理设施的自动化建设，持续提升污水收集、处理能力，推动化工工业产业园、重金属工业园区内"一企一管"和地下管道建设改造，积极推动"智能管网"的规划和布局。严控严防工业废水乱排乱放，综合治理农田退水污染，建立生态沟渠、污水净化池，建立配套人工湿地、其他氮、磷高效生态屏障和净化设施，促进农田水资源精确利用，加强农业非点源污染防治和控制，促进有机高效、低毒、低生物残留物农药的使用，实施测土配方施肥，加强畜禽养殖污染治理。

加强城乡家庭生活污水治理。完善城镇集中化污水处理设施，促进老城区、城镇、城乡污水收集管网的建设和转型，消除管网收集空白区域。加快推进雨水、污水分流改造，探索城市生活污水处理和管制，最大限度地减少污水处理厂检修期和紧急情况下污水直接外溢对环境的影响。在具备条件的城市污水处理厂下游建设污水深度净化工程，促进农村家庭生活污水的治理。

加强对饮用水源和地下水资源的保护。提高家庭污水和工业废水的收集率和处理率，实施综合、无害化和防渗漏管理，加快卧虎山水库、锦绣川水库、狼猫山水库和其他水源区域建设，确保地方饮用水安全达标，科学划分地下污染防治和控制地带，建立水环境监测和污染防治体系。

（二）深入开展大气污染治理

加强污染防治。加强区域污染防控，有效应对严重污染天气，减少主要大气污染物排放量，逐步改善空气质量，减少有害污染天数。推进煤改气、煤改电工程，强力整治违规"散乱污"企业，实现"散乱污"动态清零。推动石油、钢铁等高耗能产业转型升级。严格实施煤炭消费减量替代政策，实施低硫、低灰煤分配项目，推进工业园区转型、生态工业园区建设、国内外产业公园建设。积极采取激励措施推进企业对清洁生产技术进行改造，对于排污严重超标的企业依法实施强制性清洁生产。

在重要领域加强污染防治和管理。实施钢铁、焦化、建材及其他产业的污染治理，加快电力、钢铁等主要产业转型升级，促进水泥等产业转型，有效控制整个产业的无组织排放。对工业窑炉以及其他产业生产所形成的挥发性有机化合物进行综合处理，同时降低氮氧化物和挥发性有机化合物的污染，完善细颗粒物和臭氧的协同控制机制。全面推进粉尘污染防治管理绿化工程，完善微尘治理体系，对道路、建筑工地、工业企业物料堆和矿山的扬尘现象进行整治，优化工人的工作环境。大力推进移动源污染综合治理和淘汰更新，提高城市道路通行效率，减少因交通堵塞造成的污染，建立和完善应对突发环境事件的紧急响应机制。

（三）加强土壤及固体废物治理

全面实施土壤污染防治。严格执行污染物排放标准，深化对重金属行业的污染治理，落实污染物排放总量控制制度，推进重金属减排；强化重点企业土壤环境监管，动态更新重点监管名录，督促企业全面落实土壤污染防治义务，依法纳入排污许可管理，定期开展隐患排查、监测；持续开展典型行业企业及周边土壤污染状况调查，全面掌握污染区域、污染成因及污染地块分布。加强建设用地土壤污染风险管控，建立健全土壤环境强制调查评估制度，强化土壤污染状况调查质量管理和监督，科学合理确定污染地块用途；加强污染地块风险管控修复工作，对重点行业强化调查评估、风险管控与修复、效果评估、后期管理等全流程监管；强化建设用地土壤环境联动监管，加强多部门信息共享和联动监管机制，建立健全土壤污染治理与修复全过程监管机制。

深化固体废物污染治理。逐步实施垃圾分类，强化居民垃圾分类意识，对可回收利用的工业固体废物进行有效回收，提高社会效益、环境效益、经济效益。加快推进生活垃圾减量化、资源化、无害化，有序推动生活垃圾焚烧发电，建立科学、先进的国内垃圾收集运输体系和再生资源回收利用体系。对危险废物以及医疗废弃物则应进行重点整治，完善危险废物处置环境监管措施，持续推进危险废物规范化管理，保障危险废物收集与利用处置能力，深入开展工业固体废物风险隐患排查整治。同时，应对固体废物的用途进行深挖，实现废物及其他大固体废物的综合利用。加强新能源汽车动力蓄电池回收利用管理，推进已使用蓄电池的回收网络建设。完善区域有机废弃物的收集、转化和利用体系，深化农林废弃物的资源化利用。

（四）推进绿色低碳发展

大力推广绿色低碳生产方式。完善分类指导的碳排放强度控制，深化低碳试点建设，开展近零碳排放示范工程建设。推进"四减四增"行动，深入推进工业、能源、农业等领域的投资，推广绿色、低碳的生产方式。优化总能源消耗量和使用量，对高耗能行业实行差别化管理，减少碳排放量，开展重点用能单位节能降耗行动。积极推进清洁能源的使用，深入推进"西气东输"工程，扩大天然气的使用范围。根据地区发展情况，推广风能、沼气、地热能等清洁能源。推进工业窑炉清洁能源替代，提高工业余热回收利用技术、工业废热利用率，严禁在流域干流及主要支流邻岸一定范围内新建"两高一资"项目及相关产业园区。

加快推行绿色低碳生活方式。加大对绿色低碳生产企业的支持力度，一方面要建立绿色低碳循环发展的生产体系，不断推进企业转型升级，在农业生产上，要加快农业绿色发展的步伐，规范农药、化肥使用。不断壮大绿色环保产业，构建流域健康发展的绿色供应链。另一方面要健全绿色低碳循环发展的流通体系，调整运输结构，加强组织管理，推广资源回收利用规章制度，建立流域高质量发展绿色贸易体系。健全绿色低碳循环发展的消费体系，持续践行"光盘行动"，坚决制止餐饮浪费行为，因地制宜推进生活垃圾分类和减量化、资源化，全方位推进塑料污染治理专项行动。

大力发展绿色环保产业，加快培育市场主体，加快发展节能环保、清洁能源产业，推动节能减排，构建环境友好城市。以绿色智能建筑产业园、绿色建设国际产业园等新型绿色产业园为基础，引导制造企业加大节能环保技术和产品研发力度，树立节能和环保品牌形象，加快环境托管服务的发展，争取将更多低碳企业（产品）列入国家绿色工厂、绿色设计产品、绿色供应链、绿色园区示范名单。

第三节　调整产业结构

一、加快发展现代产业体系

建设现代化产业体系，坚持把发展经济的着力点放在实体经济上。推动制造业高质量发展，加快服务业提质增效，强化数字赋能，推进产业基础高级化、产业链现代化，构建创新驱动型现代产业体系。

（一）强化产业发展新优势

做强产业集群。按照"抓龙头、铸链条、建集群"的总体思路，以工业强市战略为引领，立足产业基础和资源禀赋优势，挖掘流域具有特色的龙头产业，引入大数据、智能化生产、先进生产材料等高新技术，促进科技创新、现代金融、人力资本等要素集聚，全面提高流域产业体系的核心竞争力。出台配套措施，强化"链主"企业引领支撑作用，引导中小企业围绕重点产业链"链主"、头部企业需求，提供配套产品和服务，实现"一企带一链，一链成一片"的链式集群发展；实施产业链供应链保稳行动，按照"民生托底、货运畅通、生产循环"的要求，保障物流畅通，促进产业链供应链稳定。加快信息技术服务国家战略，推进新兴产业集群建设、生物医药和智能仪器地方战略性新兴工业集群建设。做强做优做大新一代信息技术装备、软件与信息技术服务、新能源汽车等细分优势领域，促进产业规模的提高和集群形成。

超前布局未来产业。加强前沿科技、未来产业培育发展和战略储备，积极建设未来产业先导区。要在量子科技、区块链、氢能源、空天装备、增材制造、石墨烯材料、脑科学、低碳技术等领域的基础上，构建一批新的技术应用场景。规划建设专业园区、特色园区、新型园区等一批富有特色的园区，大力发展中国氢谷、国家量子信息技术产业基地、区块链产业集聚区，促进高端前沿产业合理布局、协同联动、集群发展。构建国内外知名的高端前沿产业，提高核心企业和创新平台数量，促进科技成果的转换，建立高端前沿产业体系。

推进现代服务业提质增效。对于生产性服务业要加大对其金融扶持力度，拓宽融资渠道，创新物流运输方式，构建更加全面的物流覆盖网络；对于生活性服务业，要进一步激活其消费潜力，可以通过发放数字消费券等形式鼓励消费，刺激内需。同时，要坚持创新驱动发展战略，培育壮大第三产业新格局，提供高质量的服务。加快第三产业发展，如金融、现代物流、商务服务、科技服务等，促进生产服务扩展到专业服务和高端价值链，构建具有特征性和协调性革新的生产者服务体系。

（二）建立数字先锋城市

推动数字产业化发展，立足新发展阶段、贯彻新发展理念、构建新发展格局，以数字经济为高质量发展赋能。建立数字先锋城市要抓牢 5G 技术与产业融合发展的趋势，加快发展人工智能、大数据、云计算、物联网、5G 等新兴产业，培育数字经济产业集群，让数字经济成为流域高质量发展的"新引擎"。整合软件、硬件、开发和应用，以基础软件平台和核心技术构建数字产业生态学。积极发展集成电路产业，改善材料制造等环节的关键问题，解决汽车电子学、高功率仪器、智能传感器等技术领域的难题。推进人工智能"双区联动"建设，推进将人工智能核心技术转化至民用领域和其他重点领域，加快建设人工智能岛、智慧谷、超算产业园等数字产业，建成一批具有核心竞争力的人工智能产业群。创新数字经济发展新模式，开展与数字经济企业的产业合作，构建经济发展"新引擎"。

推动产业数字化升级。以互联网平台为载体，加快产业数字化升级的步伐，引导流域当地产业链的龙头企业与政府部门加强合作，共建产业互联网综合服务平台，为企业提供"一键在线全覆盖"的全生命周期服务。强化标杆示范作用，大力推进应用场景开发。灵活采用文件发布、新闻发布、活动发布等形式，在微信公众号、媒体平台上每季度至少发布一次区级重点应用场景。推广"产学研"融合发展模式，筑实产业数字化升级的基础，同时做大做强流域数字核心产业。运用"互联网＋"技术，推进商业模式创新，加快培育和引进一批特色鲜明、竞争力强的细分领域平台企业。

加快政府"一网通"和城市"一卡办"建设，完善多终端自助化城市运行体系，以全天候服务导向政府为落脚点，创建新的城管模式体系，让城市运行更加高效顺畅，服务更加精准到位。对服务形态进行进一步的创新，让居民切实感受到服务"零距离"、管理"全覆盖"、诉求"全响应"的新形态。加快数字技术融入日常生活的步伐，形成新的生活趋势。加快构建智慧社区，加大智能医疗、智慧养老、智慧交通等服务的创新应用。

（三）培育优良产业生态

提升产业链现代化水平，积极推进"全产业链"发展战略，试点在多个区域实施产业链发展领导体系，促进产业链、供应链和创新链深度融合。在重点领域培育打造一批高质量项目，补齐产业链短板，强化优势产业，稳定产业链不受外部影响，提高在全球产业链关键环节的调控力和竞争力，对各种产业供应链进行战略规划和实施，弥补单一供应链的不足，促进大型企业和中小企业的协调发展，为制造业提供采购、流通、物流、售后管理等综合性支持服务。积极支持创新型企业和其他项目的核心工程，对重点领域的一系列问题实施突破性行动，包括高端服务器、核心组件、基本材料等，形成一个基础设施完善的高端软件产业。积极推进关键区域公共服务体系建设，提升品牌价值、商业孵化、交流合作、产品展示等公共服务能力。

补齐企业服务短板。强化对现有企业的跟踪服务，不断健全常态长效机制，建立支持系统，促进企业转型升级。加强对工业生产要素的开发力度，加强对工业土地的全过程管理，建立健全市级能源指标回收体系，大力扶持新开工的重点项目。实施"降本增效"，以减少企业的生产运营成本，提高制造业的根基和竞争能力。建设重点建筑信息系统，推进"多楼一业""一楼一业"建设，打造一批专业化特色建筑，创新发展"总部＋基地""总部＋园区"的运作模式，为配套中小企业预留发展空间。

着力优化产业布局。因地制宜，将流域各地区产业优势整合起来，统筹协调，取长补短，发挥各地比较优势，实现"美美与共"。有关部门要立足于顶层设计，总领全局，同时当地有关部门也应发挥主观能动性，各负其责，科学施策，有效推动有效市场与有为政府的良性互动。县域重点发挥开发区工业发展主阵地作用，集中要素资源重点发展 1 ~ 2 个优势特色产业，促进产业高质量、高效发展。

二、深化供给侧结构性改革

把实施扩大内需战略同深化供给侧结构性改革有机结合起来，以创新驱动、高质量供给引领和创造新需求，推动省会经济圈一体化发展，加强现代基础设施建设，全面提升流域中心城市辐射带动能力，打造国内大循环的战略枢纽，为国内国际双循环打下坚实基础。

（一）建立健全拉动内需体系

构建现代化循环系统。积极优化综合运输渠道，创建陆港型国家物流枢纽，加快建设全国商贸服务中心，构建"通道＋集群＋网络"现代物流模式。高标准建设国际内陆口岸，打造高端物流集聚区，加快建设多式联运海关监管场站，打造高速公路、铁路、空运和水运的多模式运输示范区。构建全链条现代化物流网络，积极探索与国际相适应的物流模式，促进高铁物流的潜力释放。建设县、镇、村三级电子商务服务站点，以及县、镇、村、乡四级的冷链物流配送体系。引导物流线上线下融合，同时大力支持共同配送、云仓储、众包物流等共享业务发展，加快无人配送体系建设。加快市区专业批发市场的改造提升，建设市公益性农产品批发市场。

积极推进消费升级，扩大内需。充实和扩大消费者市场，提高消费和服务能力，大力发展服务型消费，满足居民多样化的消费需求。打造国际消费中心城市，打造区域消费中心和重要国际消费者中心，聚焦于人民对美好生活的需要，适当放宽服务消费市场准入条件，完善基础设施建设，不断优化消费环境，完善多样化的市场供给体系，积极发展新零售等新模式，积极培育地摊经济，创造新的国民消费实践城市。促进线上和线下消费整合，打造具有国内影响的品牌直播基地。增加对养老托育、医疗健康、文旅体育等高品质服务消费的供给需求。同时，也要加快对新型消费标准的培育，早日打造新的消费增长点。顺应数字化、智能化的发展趋势，加快信息化服务、数字消费、绿色消费，鼓励发展无接触式配送服务，推进大数据与消费服务的紧密结合，实施生活服务数字化赋能行动。

扩大精准有效投资。调整优化投资结构，谋划布局一批拓展区域发展纵深和战略空间的"两新一重"项目，聚焦流域生态保护和修复工作，加大对重点区域生态项目的投入力度。一方面要补齐短板，围绕重大战略、关键环节、薄弱领域进行部署，加快老旧小区、危房等居住环境改造步伐，加快改善农村生产生活条件和人居环境。强化项目支撑，完善要素保障，大力推进一批强基础、增功能、利长远的重大项目建设，完善"要素跟着项目走"机制，强化资金、土地、能耗等要素统筹和精准对接。用好流域发展基金，同时调动民间投资的积极性，创新民间投资的方式，激发民间资本的创新能力和建设能力，提高流域投资效率。

（二）推动省会经济圈一体化发展

构建一体化发展新格局。着力打造流域高质量发展引领区、全国区域一体化发展示范区，全国数字经济高地，世界级产业基地，国际医养中心和国际知名文化旅游目的地，推动流域流经城市的互联互通，共同打造绿色经济种植、产业升级与发展、文化旅游生态带等特色经济带。

打造"相互连接的城市圈"，为制造业制定协同发展规划，探索"双向飞地""异地孵化""共管园区"等跨区域产业合作新模式，在产业转移地区建立利益共享机制，逐步形成"地方资本+周边生产"。促进跨城市生态保护红线有序衔接，沿河构建绿色生态走廊，携手打造"绿色生态圈"。构建省会经济圈同城化公共服务体系，推进医疗费用跨省直接结算试点工作，全面推行跨省异地就医自助备案。建立和完善社会保险关系转移接续机制，如社保关系转移、医疗救助、为居民建立档案管理等，打造高效便捷的社区管理模式。

（三）完善现代基础设施体系

加快建设综合交通网络。打造流域现代化综合交通枢纽，构筑城市紧密协作的综合交通骨架；构建四通八达的高铁网络，打造完善畅安舒美的高速公路网络；加快推进轨道交通建设，构筑干线铁路、城际铁路、市域（郊）铁路、城市轨道交通"四网融合"的轨道交通网络。加强"高快一体化"衔接，建设市域快速路网，加快推进国际机场改扩建工程，开辟更多流域沿线省市直达新航线，构建航空运输网络体系。

加快布局建设新型基础设施。完善信息基础设施，率先建成高质量 5G 基础网络，加快建设双千兆精品宽带城市，要持续优化布局，加快新型基础设施建设，继续推进《"双千兆"网络协同发展行动计划（2021—2023 年)》，推动全国一体化大数据中心体系建设，积极发展高效协同的融合基础设施，加快数字技术对传统基础设施的智能化改造。建立低轨通信卫星系统网络，持续推进绿色数据中心建设，构建面向垂直应用领域的多个数据中心，通过协同数字智能产业构建"边缘计算 + 智能计算 + 超级计算"系统。推动新一代信息技术与制造业融合发展，加速工业企业数字化、智能化转型，提高制造业数字化、网络化、智能化发展水平，推进制造模式、生产方式以及企业形态变革，促进产业转型升级。

加强能源基础设施建设。加强新建变电站的布局、加快农村电网基础设施的智能化改造及智能微电网的建设。加快布局新能源汽车充电基础设施和智能换电服务网络。合理布局建设加氢站，积极推进供热"一张网"，合理布局热源和换热设施，加快供热干线建设改造，全面完成原供热自管站（网）设备设施的改造提升。加强区域天然气干线管道互联互通，规划实施与其他地区能源连接的相关工程。

完善公共服务设施体系。着眼于实现人人享有基本卫生保健服务的目标，不断提升医疗服务水平，加大民生基础设施建设，提高公共服务水平。对全区域的医疗资源进行调整分配，引导中心城区优质医疗资源向基层倾斜。加快完善有利于人们及时就医、安全用药、合理负担的医疗卫生制度体系，不断提高医疗卫生服务的水平和质量。加强传统中医（中医医疗大厅、中医博物馆）等综合服务设施建设。优化城乡基础教育资源配置，扩大优质教育资源覆盖面。创建便捷的护理服务试点，积极将剩余的社会力量转移到基础护理服务中，满足幼儿的基本护理需求。完善老年护理服务基础设施，推进养老院管理模式改革，支持社会力量兴办养老机构，整合区域资源，提高老年护理设施占有率，增加护理型床位，更好地满足老年人个性化养老需求。合理布局殡葬设施，不断完善殡葬服务等基本公共服务体系，在满足群众基本殡葬需求的情况下，不断提高生态安葬率。

（四）全面融入区域重大战略

加强与其他城市交流合作，推动城市间开展多层次、多形式的沟通合作，引领带动相关城市群在基础设施、产业发展、生态保护、文化交流等方面全面对接、协同发展。推动开展流域城市生态环境联防联治，实现上下游、干线支流、交叉城区共保联治，加强与流域城市间科技合作，共建科技园区、新型研发机构、联合实验室或研发中心，构建资源优势互补、产业配套衔接的科技创新平台，打造流域中下游协同创新共同体。支持联合开展流域重大科技攻关，携手推动科技成果展示、交易与转化，推进技术转移服务一体化发展，建设流域科技成果交易转化平台。支持高校、科研院所深化与流域省区高校、科研院所、行业企业、地方政府合作，共建实验室、协同创新中心、技术创新中心、成果转移转化基地等创新平台。发挥流域产教联盟作用，协作推进流域职业教育办学模式创新，加强农业科技、物流配送、检验检测、新型农业经营主体培育等领域的合作，共建农产品绿色通道，探索成立流域省份自贸试验区企业联盟，共同推进制度创新、开放合作，提升协同联动水平。健全流域海关协作机制，提高区域通关和检验检疫一体化水平。

深化与京津冀的协调开发、长江三角洲的综合开发、粤港澳大湾区的建设、长江经济带的开发等主要地区战略的协调密切联系。紧接着在形成统一的国内市场时，为互助共赢的合作扩大发展空间。积极整合创新要素，加强与信息、金融等高端服务产业的合作。推进创新要素的互联互通，提升协同创新能力。深入对接长江经济带，加强轨道交通装备、工程机械等领域的合作。

三、打造乡村振兴标杆

深入实施乡村振兴战略，实现农业农村现代化，推进农村"产业、文化、生态、人才以及组织振兴"，努力打造"产业兴旺、生态宜居、乡风文明、治理有效、生活富裕"的乡村。

（一）建设现代农业引领区

遵循现代农业建设一般规律，打造农业农村现代化示范引领区，以推进农业的产业、生产以及经营为重点，探索可复制、可推广的新型农业发展模式。严守18亿亩耕地红线，严格耕地用途管制，坚决制止耕地"非农化"行为。以问题为导向，以科技为引领，结合当地农业产业特色，建设高标准农田，推进农业投入品减量增效行动等一系列农业绿色发展重点工程。积极推行食用农产品承诺达标合格证制度，强化农产品质量安全监管，建立质量监管动态信息数据库，鼓励规模生产的经营主体实施农产品质量安全追溯管理，并积极推进农业投入品追溯体系建设。打造一批较高水平的综合试验站，推举农产品质量安全县，加快建设省级农产品质量安全标准化生产基地，大规模推进生产经营者按标准化模式生产。开展农业机械化生产，扩大全机械化农业覆盖面积，积极探索机械化与数字化相结合的新型服务模式，打造"两全两高"农业机械化示范市。

实施农业品牌提升行动，做大做强农产品品牌。严格管控品牌质量，积极研究探索一批富有地方特色的农业品牌，探索对当地品牌进行培育、保护和评审的体制机制。积极开展培育提升质量和营销拓展的行动，培养一大批具有潜力和特色的优质企业，塑造具有现代化特色的农产品品牌形象，将当地农产品的品牌形象逐渐推广到全国，全力打造农业强市。

实现农业生产数字化。不断改善农业生产手段，使数字化信息技术不断与现代化农业生产相融合，扩大物联网、遥感等数字化技术的使用范围，使农业向智能、智慧、数字方向逐步演进。充分利用数字化信息优势，逐步实现利用电子设备对农作物的种植和生产过程进行全方位的实时监控，提高生产管理效率，降低人员成本，促进农业生产机械化与精细化。同时，加强农信社的服务职能，打造有效的数据资源库，健全农信社的信息服务系统，实现各项信息要素充分有效流动。加快数字农村、省级智能农业示范区的建设，全面提高农业科技创新、产业创新、模式创新和体制创新的能力与水平，开辟一条适合当地农业生产、经营、管理以及服务的智慧数字化发展道路，引导数字化农业发展。

推进农业技术创新发展。要大力发展各级农业科技园区，充分发挥其主导作用，依据地方农业发展需求，推进当地农业产学研融合发展，不断推进农业科技成果转化。建设一批农业科技创新中心，着力突破一批制约产业发展的关键核心技术，让科技为乡村赋能。

强化农业科技人才支撑。整合各渠道培训资源，推进科技"从研发到应用"的过程，对农民进行分类型、分层次的职业培训。围绕种植、养殖、加工、农村电子商务以及新型农械的运用等方面对农民展开培训，探索"理论＋实践"融合发展的农业新机制。定期让农业专家与农民展开面对面的交流，让研发人员切实感受到农民的现实需求，把握好研发方向，建立完善"专家＋指导员＋科技示范户"的技术服务模式，培养爱农业、懂技术、善经营的新型职业农民，推动科技进村、入户、到田间地头。

（二）做优做强乡村产业

加快农村一、二、三产业融合发展。以特色农业为主，打造县、乡、村三级产业融合发展平台，做大做强乡村产业，逐步形成多主体参与、多要素聚集、多业态发展格局。

因地制宜，做强特色产业。立足于市场需求、资源禀赋、生态条件和现有基础，深挖特色产业，将农业生产与当地种植特点等相结合，力争打造"一村一品""一镇一特""一县一业"的发展格局。打造规模化、标准化、商品化的农产品生产基地，优化农产品的产量和品质，培育具有地域特色的农业品牌。

提升农产品精深加工水平。促进农业生产机械化、精准化，对农产品进行深加工，增加产品的附加值。鼓励重点农业龙头企业加强合作，培育和发展一大批具有代表性的企业。鼓励农民、家庭农场等新型农业经营主体积极投身到农业生产中来，加快中心镇、中心村产业集聚，推动产镇融合、产村融合。

构建农产品现代流通体系。加强农产品流通基础设施建设，完善农产品综合批发市场、交易平台以及生鲜连锁超市等市场网络布局，实现农户、生产基地与大型收购商、零售商的无障碍对接，促进市场信息流动。对于距离产地较近的城镇可采用"菜篮子"直通车直销配送模式，让消费者轻松享受便捷、实惠、新鲜的购物体验，提升产品复购率和用户黏性。

加快农村电商发展。各地要围绕组织、资金、人才、服务、产品、冷链、物流"七位一体"工作思路，推动地区特色农产品产业发展，建设县、镇、村三级电子商务服务站点，以及县、镇、村、乡四级的冷链物流配送体系。不断完善农村基础设施建设，培育壮大农村电商市场主体。强化农产品孵化过程，以提升质量为首要任务，结合地域特色打造农产品品牌，结合短视频、直播带货、淘宝以及京东等平台进行宣传和销售，以"线上与线下"相结合的形式进行联动，发挥新媒体电商平台带货能力。鼓励各乡各村尝试电商直播带货等模式，推动农村电商创新升级。

（三）创新乡村振兴体制机制

激发乡村要素资源活力：一是要加快农村土地制度的改革；二是要加强农村基础设施建设；三是完善农村的产权流转交易市场体系，缓解农村土地碎片化的问题，提高土地的资源利用效率。加强政府对农业的支持引导力度，将先进技术和产品下放到基层的同时，做好农民技能培训，打造一批懂技术善管理的新型职业农民。

创新城乡一体化发展的制度和机制。以工补农，以城带乡，推动形成工农互促、城乡互补、协调发展、共同繁荣的新型工农城乡关系。坚持创新、协调、绿色、开放、共享的新发展理念，以县域为重点，推进城乡一体化发展。以县域经济带动城镇经济以及乡村振兴，打通城乡要素平等交换、双向流动的制度性通道，发挥县城连接乡村与城市的作用，增强其辐射带动能力。有序放宽城市的落户限制，使农业转移人口有效融入城市；同时对农村宅基地的所有权和使用权"两权分置"的形式进行不断的探索与推广，完善农村土地流转制度，使进城务工的农民的土地承包权、收益分配权等各项权利得到保障。对农业转移人口进行补贴性培训，对接当地产业转型升级的需要，培养具有专业技能的农民工，促使其更好地融入城镇发展。

强化组织和人才保障。坚持全面培养、分类施策，坚持多元主体、分工配合等原则，培养一批"懂农业、爱农村、爱农民"的"三农"工作队伍。加强对农业带头人、农业经营大户、优秀农业人才的培养，使农民能够快速掌握新兴技术、实用技术。创新教育培训模式，一方面将"土专家"等乡村人才引入高校课堂，与高校专职教师一起开展专业技能教育培训；另一方面将老师与学生带到农村，亲自实践"田野作业"，培养一批具有职业素养、掌握专业技能的新型职业农民。

（四）提升人民生活品质

不断完善基础设施建设，实现农村公共服务全覆盖。巩固强化政府主导、覆盖城乡、可持续的基本公共服务体系，加强城乡教育、公共卫生等方面的建设。拓宽农民就业机会与就业渠道，一方面要消除农民工进城就业的障碍，另一方面要大力发展乡村产业，创造就业机会，让更多的农民工愿意留在农村发展。健全农村就业机制，扩大公共就业服务网络的覆盖范围。要强化农村的卫生服务体系，建立统一的垃圾处理中转场，自发组织卫生监督管理队伍，改善农村居住环境。同时，建立重大疫情监控防控体制机制，加大全科医生培养和乡村医生队伍建设，鼓励更多的全科医生去乡村服务。要坚持"应该保"这一基本原则，构建覆盖全民、统筹城乡、公平统一、可持续发展的多层次社会保障体系。加快城乡基础设施建设，逐步形成城乡一体化的"路网、水网、管网、气网、互联网"，推进5G农村建设，为"三农"提供信息化产品及服务。

建设生态宜居美丽乡村。"绿水青山就是金山银山"，乡村振兴要以绿色发展为引领，走融合发展的道路，把生态优势转化为经济发展优势，打造生态宜居的美丽乡村。深入推进新一轮农村人居环境整治提升工作，强化农村污水治理、垃圾清理，抓好农村厕所改造升级，建立和完善农村人居环境治理长效机制，大力开展村容村貌整治。加强流域滩区安置区基础设施和公共服务设施的建设，因地制宜，推动流域村落农业、民宿以及旅游业的发展，鼓励村民与搬迁群众就地就近就业。实施"乡村记忆"工程，挖掘乡村特色文化符号，振兴传统工艺，打造文化乡村。加大历史文化名村和传统村落保护力度，保护乡村古街、古居、古树、古桥等历史文化遗存，打造富有地域特色、承载田园乡愁的美丽乡村。

推进脱贫攻坚与乡村振兴相衔接。将巩固拓展脱贫攻坚成果放在突出位置，设立 5 年过渡期，过渡期内严格落实"四个不摘"要求，保持现有帮扶政策、资金支持、帮扶力量总体稳定。健全防止返贫监测和帮扶机制，完善农村社会保障和救助制度，确保低收入群体不返贫、稳增收，促进农民农村共同富裕。

四、大力发展文旅产业

分析流域整体经济的发展，其模式可以概括为全方位的可持续发展，其发展重点是在综合利用水资源基础上对文化旅游产业全方位的开发，其发展的基本理念为对生态环境予以很好保护基础之上的经济发展，其发展的目标不单单是追求经济高质量发展，也包括对生活质量以及生活水平的提升。在本书中，"生活型"高质量发展模式有三层不同的含义。第一层含义为发展的指导方针为流域规划。按照行政区域不同的资源状况与资源优势，在发展方面予以综合考量，进行布局规划。第二层含义指的是突破传统行政区域限制，按照流域特点进行布局。第三层含义为进行综合性的、可持续的开发。考虑流域内上游和中游，还有下游在环境资源方面的不同优势，再加上对区位地理特征的考虑，需要梯度开发流域。在对流域进行梯度开发时，做好产业分工，避免产业趋同问题。而且在实际发展的过程中，各个城市、各个地区发展遵循的第一原则为节约资源与保护环境。如果项目本身耗能大，而且污染严重，就需要对其予以严格控制，甚至是彻底取缔该项目。

（一）借助自然资源，打造旅游胜地

对于西江和黄河上游地区而言，无论是在文化资源方面还是生态资源

方面都非常丰富，如昆明、玉溪、曲靖、红河、西宁、呼伦贝尔等。以区域为整体，进行文旅产业规划，做好产业布局，结合考量该地区在地理上的优势，建议合理布设水电厂，取代传统的煤电和油电行业，强制关闭火电厂，集中控制污染企业，逐步予以取缔。考虑到地区的文化旅游特点，应构建具有文化特色的旅游区，推进绿色交通、绿色航运、绿色生活等生态廊道建设。对于西江和黄河下游城市而言，这一区域的城市不仅包括佛山、肇庆、珠海和云浮等地，还包括郑州、西安、太原、济南等。这些地区整体经济发展水平较高，高新技术产业以及第三产业飞速发展，可以建设旅游度假村或海景房吸引外来游客。该地区的云浮段绿色生态自然资源优势突出，龙母文化、陈璘文化、渔家文化特色鲜明，发展文旅产业条件优越，整合区域内的岛、峡、岸、村、文等旅游资源要素，整体推进旅游风光带建设。推进"一村一品"特色旅游，结合实际积极推进精品民俗旅游，将流域人文景观与现代旅游需求有效结合，积极吸纳社会资本参与开发，推进流域文旅产业发展。

（二）融合文化与特产，推动文旅产业发展

首先，西江往东流经贵州西南地区，这里被称为北盘江。在这个地带，包括安顺以及六盘水，还有兴义在内的几个城市在西江流域的上游中属于中下游。在资源方面，这一区域无论是煤炭资源还是水电资源都非常丰富，生态资源相比上游区域而言较少，但具有种植农作物的优势，利用这个优势不仅可以发展医药制造行业，还可以结合旅游业，发展文旅产业。例如，结合区域内农耕文化遗产的不同类型、不同开发程度和不同区位条件等因素，统筹规划相应的开发模式，促进资源合理利用，保障居民权益，实现农业文化资源的可持续利用与传承发展，引导居民参与到文旅建设中，强化当地农旅产业文化遗产传承氛围。其次，中游承接着上下游，也是上下游的过渡地带。位于西江中游的城市有桂林、梧州、贺州等，它们属于相同的发展规划区。对于该区域而言，建议其发展医药制造、生物制品、食品工业。这一地区的独特气候决定了其物产是丰富和多样的，当地政府可以建立专供外来游客参观游览的橡胶制造厂，让外

来游客了解当地橡胶产品的制造流程，以及原材料来源，这不仅有助于当地橡胶产业的推广，而且让顾客购买产品时更加放心，也有助于推动当地的文旅产业发展。除此之外，广西柳州可以将螺蛳粉与当地文化相结合，构建螺蛳粉制作工艺展览馆，将螺蛳粉的来源、发展及推广史公之于众，让大众在购买螺蛳粉的同时，也能了解当地文化，推动当地文旅产业的发展。

西宁、银川、西安等城市位于黄河流域的中上游，这些地区水资源和矿产资源丰富，生态资源比下游地区丰富。利用这些优势，可以引进先进技术，大力发展加工业，同时发展文旅行业。洛阳、郑州、开封等城市位于黄河流域的下游地区，有丰富的历史文化遗产。尤其以河南省为代表，文化遗产资源最为丰富。当地政府应大力弘扬当地特有的传统文化，吸引全国各地的游客前来观光。山东省地处黄河流域下游，在发展文旅方面有着得天独厚的优势。青岛、日照、威海作为我国的沿海城市，一年四季游客都很多。当地政府可以将不同景点与当地文化结合起来，让更多的人了解景点的起源，进一步促进当地文旅产业的发展。

（三）深化区域合作，打造流域旅游品牌

流域上中下游之间，应发挥本地区的区位优势、资源优势、经济优势和服务优势，以互动、互利、共赢和共建共享为原则，共同打造流域旅游品牌。一方面，各区域之间可以相互交流，达成共识，整段流域可共同建立生态廊道，统筹推进山水林田湖草沙综合治理，改善流域生态环境，优化水资源配置，促进全流域生态环境质量的提高，为把流域文旅产业打造成世界级的旅游目的地而努力奋斗。另一方面，应推进全区域协同治理。协同治理是未来现代社会管理的发展趋势，是推进流域文旅产业发展的有效途径。由于流域面积广，区域内文旅产业发展水平不一，单一的管理很难充分发挥有效作用。流域各区域也可以向我国长江流域等流域学习，借鉴它们的成功经验，努力打造流域特色旅游品牌。

第四节　创新驱动发展

一、建立健全综合性国家科研中心

随着创新在我国现代化建设全局中核心地位的确立，作为科技领域竞争重要平台的综合性国家科学中心建设也日渐升温。围绕世界前沿科技、关键核心技术等，深入实施创新驱动发展战略，打造具有国际影响力的创新高地。

（一）大力提升科技创新能力

加强基础研发和重大科技攻关。优化创新政策环境，引导研发机构良性发展，积极推行"揭榜挂帅"等体制机制，重点突破"卡脖子"的短板技术，如人工智能、区块链等领域，牢牢将核心技术掌握在自己的手中。支持开展量子计算、合成生物学、集成电路等研究；加大基础研究的研发投入力度，落实经费使用自主权等政策；聚焦新一代信息技术、认知计算、水安全、生态保护等领域，鼓励实施关键核心技术的攻关。整合各项前沿科技资源，健全创新体系，实施创新计划，积极参与国家技术创新计划和各类重大项目的研发。

培育高能级创新载体。加快建设"科创走廊""科创城"等科技创新平台，推进"国家实验室""微生态"生物医学等国家重点实验室的建设；高水平培育产业技术研究院、区块链研究院等新型研发机构；高标准、高要求对国家人工智能技术创新和应用平台进行建设，对创新管理机制进行创新，提高管理运营的水平，提高团队协作的效率。鼓励企业建立自身的科研创新研发体系，如建立企业技术中心、工程研究中心；建立省级的产业、技术创新中心，不断提高企业的研发能力。

（二）强化企业创新主体地位

壮大创新型企业梯队。强化企业创新主体地位，对创新型企业和高新技术企业实施培育和帮扶计划，促使各类创新要素向企业聚集。健全对初创企业的扶持政策，强化"火炬计划""星火计划"等政策对中小企业的创新技术的帮扶和引导作用，完善中小企业的创新培育体系，提升中小企业的创新发展能力。优化中小企业创新环境，承接当地产业转型升级，培养一批具有创新能力与核心竞争力的企业。探索产学研融合发展的创新路径，发挥市场的主导作用和政府的引导作用，打通政府、高校以及中小微企业的信息与资源流通渠道，解决制约产业发展的重大技术难题。大力培育各类科技创新企业，建设以一流科技企业为主导、大中小型企业协同发展的创新型企业集群。

加大对企业创新的激励力度。建立健全多渠道融资机制，引导企业增加创新科技研发投入。引导社会资本投入到中小型民营企业中，促使企业担当起创新发展的大任，强化企业在创新发展中的主体作用，一方面支持企业通过基础应用的创新发展来获取短期的利益，另一方面支持企业在长期创新发展中掌握核心技术，打造更高端的企业价值链，促进企业长足发展。政府则应发挥其引导作用，打造企业的信息共享平台，对于一些大型仪器、分析测试中心等可以共享的科技资源，可由政府引导来建立开放、共享的科技资源平台。

（三）持续激发人才创新活力

深化人才机制体制的改革，优化人才队伍配置，推进各类人才队伍建设。加大基础研究领域青年人才梯队扶持力度，着力培养一批能把握世界科技发展趋势、研判未来科技发展方向的战略性人才以及创新团队；提升企业家的综合素质与能力，培养一批善于凝结力量、统筹全局科技领军人才；调动企业、高校、科研机构等力量，培养一批具有创新能力、攻克技术难题的高技能人才。

强化人才的引进培育机制。健全人才管理服务体系，建立开放、包容的留才机制，完善人才评价和激励机制，科学调动人才的积极性、主动性以及创造性；与时俱进实施分类评价和多元评价制度，科学合理地对评价标准进行动态调整。提升人才服务保障水平，打破影响人才自由流动的体制机制壁垒，多渠道解决人才住房、医疗以及子女教育等问题。同时完善要素政策分配制度，强化知识产权保护，确保科技创新等人才的利益所得。

大力发展国内一流教育工程建设，加强国内外优质高校的互动合作。创新教育方式，培养学生的创新能力。鼓励流域地区高校建设一流大学和一流学科，支持大学培养一批急需的专业人才，如生态保护、现代农业、智能制造、公共卫生等。实施"中国特色"的高职高专、"双元制"高职教育模式，建设一批一流的特色高职院校、高层次的国家产教融合试点和国家高职教育创新发展高地。

（四）建设开放共享的创新试验场

深入实施创新驱动发展战略，提升科技金融的供给水平，优化资源配置，使资源优先流向科技创新领域。对科技创新领域进行精准扶持，确保在优势领域占领先机，掌握核心技术，集结国内外各种资源为创新研发提供丰富的物质和技术基础。联合当地产业发展，以市场需求为出发点，完善科技创新企业的融资渠道和融资模式，优化其信贷管理监控体系，鼓励企业在有条件的情况下进行技术和管理方面的创新。充分发挥政府引导作用，积极引进各类创投基金。

完善科技创新体系机制。完善科技创新项目的组织管理方法，完善事前保证、事中保障及事后评价机制的流程，推动重点领域项目、平台、人才、资金的一体化配置。持续推进创新驱动发展战略，完善知识产权等专利保护与利益分配制度，深化科技成果使用权、处置权和收益权改革。鼓励各种形式的创新活动，加强研究人员与社会的联系，增加科学家和技术人员在企业、研究机构和社会组织中参与创新活动的机会；鼓励高校创新人才交流，在科技园区创建科技企业，激发市场创新活力。

畅通科技成果转移转化渠道。明确"先确权、后转化"的思路，确保创新科研人员的利益。打通高校与企业联通的渠道，以高校为载体推进创新科研成果的转化与应用，多点发力促进科技成果的转化应用。以政府为主导完善当地技术交易市场，搭建交易、运营、信息流通以及融资等成果转化平台；鼓励高校组建校企沟通平台，以市场为导向促进科研创新的发展。继续推进知识产权保护体系建设，建立健全知识产权保护体系，着力打造以科技成果交流中心为重点的国家知识产权保护平台。继续推进科技成果转化体系建设，打造科技成果转化平台，建设流域与全国接轨的技术转移中心。

营造创新创业环境氛围。弘扬"工匠精神"，培养一批爱国敬业、勤于钻研的工匠队伍。要充分利用国家科技创新示范基地的带动效应，建立孵化平台，如"大众创业和创新"国家示范基地、在线创业研讨会和数字研讨会。构建更高水平的全球创新网络，促进人才流动，为企业营造"大众创业、万众创新"的氛围。

二、打造改革开放新高地

推进全面深化改革，促进有效市场和有为政府更好结合、改革和发展深度融合，激发发展活力，在流域建设重要节点城市，形成内外兼顾、陆海联动、东西互济、多向并进的全面开放格局。

（一）纵深推进重点领域改革

创新生态环境治理机制。优化整合各类自然保护地，合理定位保护地的主体功能、边界范围和保护分区，做到"应划尽划、应保尽保"。健全自然保护地管理机构，建立自然保护地数据库，构建科学合理的自然保护地管理体制，实现自然保护地统一设置、分级管理、分区管控、严格保护。建立健全生态产品价值实现机制，坚持"谁受益、谁补偿"的原则，探索政府主导、企业和社会参与、市场化运作、可持续的生态产品价值实现路径。完善土地资源、水资源、矿产资源、森林资源等自然资源有偿使用制度，加快推进自然资源统一确权登记，构建统一的自然资源资产交易平台，健全自然资源收益分配制度。持续推进"林长制""河长制"工作，坚持生态优先、绿色发展，确保水清、岸绿、景美。加强对重点排污企业的监管，明确监管红线，对于超标排放的企业加大惩戒力度。加强对节能减排指标的管理，进一步健全排污权、用能权、用水权、碳排放权等交易机制。积极探索生态化发展模式，推进重点产业和地区绿色转型和清洁生产。

推进以市场化为导向的要素再配置。完善要素市场交易平台、科技成果交易平台和交易规则制度；强化市场监管水平，加大市场的主导作用，让各要素随市场需求变动而变动。完善人才市场引进与管理机制体制，加快建立人才与劳动力流动协调机制。加快市场化改革，加强科技创新机制和人才队伍建设。建立健全数据要素市场规则，支持各单位通过省级数据交换平台、第三方平台进行数据交易，为流域数据中心的建设与发展提供支撑。

继续优化营商环境，深化分权、管理、服务改革，全面落实权责清单和负面清单制度，深化"一次成功"。全面推进市场准入、项目建设、金融信贷、通关便利化改革和业务创新，建立全生命周期业务体系，全面降低相关行业系统交易成本。进一步拓展数据共享的模式体系，对审批、监管、服务一体化的要素管理方式进行进一步的探索挖掘，推动跨部门业务流程再造，持续深入推进行业许可与监管一体化体系。实施投资与贸易便利化的改革制度，进一步缩减外商投资负面清单，努力扩大金融、电信、医疗、文化、法律服务等领域的对外开放。形成与国际贸易和投资通行规则、规制、管理、标准相衔接的制度体系和监管模式。加快建立流域开放合作机制，加强与沿江城市口岸、国际航线、跨境电商等领域战略合作，不断拓展对外开放腹地。规划建设流域国际交流中心，增强国际交流功能，打造"类海外"营商环境，建设外国领事机构、国际组织、国际商会集聚区。

（二）拓展全方位开放新空间

畅通陆海双向通道。强化陆海统筹协调的战略地位和作用，建设货运通道，促进资源要素双向流动、高效配置，建设陆海联运集结中心，构建铁路、水运、公路多通道运输网络，推动区域一体化通关协作，实现港口内移、就地办单、无缝对接；优化区域枢纽机场运营。

拓展对外开放新空间，把握开发新趋势。深化与其他地区在产业经贸、科技教育、能源资源、现代金融、文化旅游等领域的合作，健全共同开拓第三方市场的长效机制，构建互利共赢的产业链供应链合作体系。深化国际产能合作，建设境外园区和标志性工程项目，带动优质装备和先进技术出口，大力发展沿线国家和地区建立科研机构，鼓励并帮助企业到沿线地区建立生产基地、营销中心和服务网络，做大做强对外工程承包与承揽工程，带动产品、技术标准和服务走出国门。完善政府、银行、信保和企业工作机制，鼓励企业参与有关国家和地区医疗、教育和基础设施等民生领域建设，实现发展成果共享。加强与高新技术、先进制造业等领域合作，在境外设立离岸研发中心，支持骨干企业参与建设，深化与重要节点城市合作。

实施全球化合作发展政策，遵循商品和服务贸易共同发展的原则，吸引更多高能级跨国区域机构和运营组织。积极建设区域经贸合作示范区，聚焦汽车制造、电子电器、生物医药、新能源等重点产业开展创新链供应链合作。加快推进国际医疗科技园、抗衰医美和康复设备产业园、高科技产业园等载体建设，打造科技和产业合作引领区。加强与其他地区在基础设施建设、经贸投资、文化旅游等领域的合作，拓展国际市场空间。

（三）建设高能级开放合作平台

加快建设自贸试验区。与国际一流自由贸易区（港）接轨，推动贸易、投资、跨境资金流动、国际人员往来、国际物流运输便利化。加大更广范围、更深程度、更高水平风险压力测试，推进贸易投资便利化，打造流域制度型开放引领区。聚焦人工智能、产业金融、医疗康养、文化产业、信息技术等重点产业，开展系统集成创新，破解立项、研发、生产、上市和标准等全流程发展瓶颈制约。对标国际规则创新突破，打造数字交易平台，建设国家对外文化贸易基地。加快建设全球货物贸易港，打造进口商品博览会，搭建"买全球、卖全球"消费服务平台。设立自贸联动创新区，建立区域制度创新协同共享机制，推动建立流域自贸试验区片区发展联盟，协同开展制度创新和产业合作。

加快建设跨境电子商务综合试验区。一方面要加快推进线上综合服务平台的建设，不断完善平台功能，与海关、税务、公安以及商务等部门完成系统对接，为跨境电商的一站式服务搭建平台，为企业进行跨境电商活动提供渠道；另一方面，改善跨境电子商务平台的运作，大力推进线下产业园区平台的建立，按照当地发展特色，实现流域产业特色的差异化发展。发挥各区域优势，促进跨境电子商务资源集聚，实现跨境电子商务试验区政策全覆盖。鼓励开展国际商标注册、国际认证，形成一批具有竞争优势的跨境电商本土品牌企业和品牌商品。积极建设海外仓、边境仓，探索适应跨境电商的多式联运快速运输体系，打造跨境电商物流大通道，完善监管制度，创新税收征管模式，优化跨境电商发展环境。

推动园区国际化发展。大力发展离岸金融、保税经济、供应链金融等新型业态，以中央商务区为平台，大力吸引外资银行等金融机构集聚，打造外资金融服务枢纽；支持开发区采取"区中园""园中园""云上园"等模式，吸引国内外专业化园区运营商或与专业化团队合作运营，与发达国家园区、跨国公司共建一批国际合作园区，建设面向亚太、北美、欧洲的创新创业共同体。高水平建设国际招商产业园，深入实施"标准地"招商，培育具有引领性、标杆性的国际一流产业集聚区。推进中小企业合作区、高端前沿产业园等载体平台建设，加快形成高水平对外开放矩阵。

三、建设新旧动能转换起步区

加快以最先进的理念、最高水平和最高质量启动新旧动能转换起步区开发建设，按照 5 年、10 年和 15 年的"三步"开发目标，建设绿色、智慧、幸福的宜居城市，努力走出一条绿色可持续的高质量发展之路。

（一）着力加快新旧动能转换

鼓励流域企业加大研发力度，支持龙头企业加大与国内外同行的技术交流，建立技术联盟，加强技术创新交流合作。除此之外，加大对流域产学研合作的支持力度，鼓励产学研合作项目的实施，丰富中介服务机构，从而将高校以及相关科研成果快速转变为现实生产力。同时，鼓励建成新型自主创新服务平台，健全开放共享机制，加快推动不同主体间的数据开放共享。

加快发展战略性新兴产业和先进制造业。完善以企业为主体、市场为导向、产学研相结合的技术创新体系，发挥国家科技重大专项核心引领作用，突破关键核心技术，促进创新成果产业化，提升产业核心竞争力。聚焦于节能环保产业、生物产业、新一代信息技术产业以及高端装备制造业等领域，明确发展方向和主要任务，统筹规划，统一布局，集中力量推动战略性新兴产业的健康快速发展。推进新一代信息技术与先进制造业深度融合，加强关键技术装备、核心支撑软件、工业互联网等系统集成应用，重点发展民用及通用航空装备、智能网联车、集成电路与机器人等产业，贯彻实施"未来产业引领"计划，前瞻布局具有引领带动作用的未来产业，构建先发优势。

继续扩大新型高端服务业的范围。一方面要不断与消费升级的趋势相融合，不断创新服务产品、提升服务品质、便捷服务渠道，为人们提供更好的消费体验，激活更大的消费市场，满足人民日益增长的物质文化需求。另一方面持续推进科技创新，加快5G技术的商业应用步伐，推动制造业、服务业以及农业等领域的数字化发展。推动技术创新与产业融合互促共进，要大力发展创新联盟、技术中介等新型创新组织，强化创新型龙头企业的引领作用，促进企业间紧密互动联合，推动形成企业主导、产学研用一体发展的创新体系。积极开发新的业务形式和模式，如航空物流、机场物流和冷链物流，并建设区域物流中心。积极发展卫生保健和医疗保险等健康服务业，整合养老等家庭和护理服务的发展趋势，不断发展"互联网+家庭服务"的新趋势，大力发展外包等商业形式，提高服务业的商业竞争力。

（二）着力加快城市发展方式

积极建设节水典范城区。按照"区域适水规划、组团因地节水、单元精细管理"的原则，探索建立节水典范创建的指标评价体系，将水资源节约集约利用要求全方位、全过程纳入起步区规划建设。深挖工业节水潜力，探索建立第三方节水评价机制。围绕将流域建成多区域交通枢纽等目的，统筹规划流域的水陆交通网络，将"黄金水道"和区域性航空枢纽网络作为重点进行培育，打造一个以"黄金水道"为重点的跨地区水路网络体系。

加快建设绿色低碳城区。坚持生态优先，绿色发展，保护流域自然生态环境，构建生态安全格局，以市场机制推进"碳中和"。严格控制能源消费总量和强度，优先开发利用地热能、太阳能等可再生能源，减少二氧化碳排放量。推进清洁生产，发展环保产业，构建绿色制造体系，严禁新建高能耗、高污染和资源性项目。

科学建设数字智慧城区。构建数字城市，推进基于数字化、网络化、智能化的新型城市基础设施建设，加快"双千兆"网络基础设施覆盖，规划建设万兆光网等新一代通信枢纽基础设施。建设城市级数据仓库和一体化云服务平台中枢，提升城市大数据平台支撑能力，构建一体化数据共享服务体系。坚持基础建设与实战应用同步推进，在交通、医疗、教育、社保、能源运营管理等领域，培育一批管用实用好用的智能应用场景，构建实时感知、瞬间响应、智能决策的新型智慧城市体系。

（三）着力深化开放合作

主动对接区域重大战略。借鉴自由贸易试验区、国家级新区、国家自主创新示范区和全面创新改革试验区经验，创新推出改革举措。加强与沿江地区生态保护和高质量发展相关政策、项目、机制的联动，积极探索与其他重点区域建立高层对接机制，联合开展共性技术和关键技术研发、人才交流合作、行业标准制定。深度对接京津冀、长三角等国家战略，共建重大产业基地和特色产业园区，深化科技创新、现代金融、新兴产业等领域合作。鼓励扶持新兴企业，推动新兴产业落地。

积极拓展国际合作空间。着力推动制度型开放，提供高水平制度供给、高质量产品供给、高效率资金供给，深度参与国际合作和竞争，着力打造流域高水平开放战略支点，发挥综合保税区、中小企业合作区等载体优势，推进临空要素与先进制造业、高新技术产业和现代服务业之间的创新融合，加快集聚一批一流跨国企业，形成国际区域合作示范效应。

（四）着力完善体制机制

建立行政管理系统。优化初级管理委员会的制度环境，落实责任归属，推进动态化管理。因此，建立常态化内外协调的工作机制尤其重要。首先，完善联席协调机制，将流域经济作为一个整体进行考量。其次，明确具体的激励指标，构建以行政划分为主的统一考核体系，从而进行统一化管理。再次，优化资源配置效率，深化土地、生态保护补偿机制改革。最后，鼓励流域各园区联合创建飞地园区，以"合作投资、风险共担、利益共享"的市场机制促进园区建设和产业发展。赋予起步区市级经济社会管理权限，并最大限度地下放至省级经济治理机构，探索具有高度参与、责任分担和利益共享的"行业管理"新方式。

四、加强流域水资源技术创新建设

加强流域水资源技术创新建设是流域经济可持续发展的主要基础之一。加强对水资源基础资料的观察与调研，加强对水资源可持续利用及保护方法的研究是实现流域水资源、水环境可持续发展的重要手段，是流域经济"生活型"高质量发展模式的目标之一。因此，流域"生活型"高质量发展模式必须依靠科技创新，采用新理论和新方法，使流域得以综合发展。

（一）加强流域水资源信息系统建设

随着经济的快速发展，科技取得了很大的进步，有效的流域综合发展需要在流域管理工作中加强水资源信息管理建设和采用先进的信息技术手段，比如，常规的水文观测和预测、气象雷达、卫星实时监测和已有的各种信息优化技术等，这些都是提高流域管理水平的工具。随着我国改革开放的深入，城镇化与工业化进程加快，从而导致土地利用特性及水文特性的一系列变化，所以要重视由现代人类活动而引起的水文、气候变化，比如，在工业生产过程中，排放出来的烟尘可能会引起气候与水文的变化，最终对水资源造成潜在危害。水资源信息化是实现水资源开发和管理现代化的重要途径，而实现信息化的关键途径是对水资源进行数字化管理。比如，湖泊数字化、工程模拟、决策系统及遥感测试等。新信息系统和智能决策支持系统等水资源管理的各种先进技术的运用都将会大大提升信息的质量，从而提高流域管理水平。

（二）实行流域水环境的信息资源共享机制

流域水资源的管理信息，离不开气象、水文、水质、生态以及社会经济等技术经济信息数据。只有通过不同部门的协作，将各部门采集的数据整合起来，才能进行高效的开发利用。统一制定采集水环境数据的方法，将采集到的数据输入统一的水环境信息库，制定相应的管理制度，各有关部门均可对其进行自由调用，真正实现信息资源共享。采集到的信息越多，那么事物的本质就越容易体现，对于不断变化的水环境来说更是如此，准确、完整的信息是水环境管理与决策的基础和依据。

五、加快绿色会计制度的完善

就目前来说，我国的传统会计核算体系依然处于主导地位，该体系注重核算的指标依然是经济的增长速度等，忽略了不可持续发展所带来的自然资源和生态环境破坏造成的国民财富损失，这样的会计核算结果，并没有在实质上增加国内生产总值和税收利润，而且掩盖了天然资源的消费和生态环境的恶化。所以说这种核算制度不利于环境保护与资源的可持续利用，不利于经济、环境的协调发展。在流域经济发展的进程中，在对自然资源的开发和利用方面，应建立并完善符合社会主义现代化要求的会计制度——绿色会计制度。通常我们称绿色会计制度为环境会计，计量单位依然是货币。但是，在成本计算过程中，也考虑到了环境污染、保护等消费，这些消费点在于资源消耗、维护环境生态的成本及对自然资源的利用率等。从综合的角度对企业进行环境绩效的评估，从评估结果获得其对企业财务成果的影响，从而能让企业更加深刻地认识到自然环境成本的重要性。

推行与流域经济可持续发展相适应的绿色会计制度具有重要意义。第一，绿色会计制度把企业的环境污染成本及环境代价评估等指标共同纳入制度体系，从而可以有效增强企业的环保意识及责任感，使环境保护和经济效益达到最大化。这不仅有利于企业高质量发展，而且能保证流域内资源环境的健康发展，提高流域内居民社会福利水平，增加人们生活的舒适感、幸福感，保障饮用水安全。第二，绿色会计制度对传统会计制度进行完善，创造性地将自然资源消耗纳入成本，即需要减去环境资源成本，能够更加真实地反映国内生产总值及其中的其他相关指标。第三，绿色会计制度不仅对企业可持续发展有利，而且能为国家行政机构提供准确、真实、完整的会计信息，对决策机构的工作具有重要意义，从而做出科学决策和合理规划，以改善人们的生活质量，提高人们的幸福感。由此可见，绿色会计制度不仅是对传统会计制度的创新与完善，更对企业可持续发展和政府机构科学决策具有重要意义。

第八章　结论与展望

高质量发展是新时代国家的重大发展战略之一。党的十九大以来，各地区各部门围绕着经济高质量发展的要求，在建立健全区域合作机制、区域互助机制、区际利益补偿机制等方面进行积极探索并取得一定成效。但我国区域发展差距依然较大，从流域经济视角来看，流域发展不平衡、不充分问题比较突出，流域经济发展模式还需进一步完善。为了解决区域间发展不平衡的问题，国家提出"一带一路"倡议、"泛珠三角经济带"、"粤港澳大湾区"等发展战略，以解决区域发展差距大等问题。

本书对流域生态保护与高质量发展中存在的问题进行分析得出结论，实现中国流域高质量发展需要从以下几个方面着手。

第一，强化流域生态保护与治理。坚持把生态建设和保护作为首要任务，不断完善生态屏障和生态服务功能，重塑"城市绿肺"，构建流域生态保护带，对生态空间功能进行优化，对流域两侧的生态防护林进行规划和布局，全面改善沙滩区域的生态；推进生态节点建设，落实生态廊道建设，布局园林城市建设。建设节水典范地区，系统优化水资源配置，完善水源网络系统，加强常规水源的开发和利用；全面建设节水型社会，加强对水资源的刚性约束，积极推进农业用水节约机制，提高工业节水效率，落实城市生活节水，构建适合水资源开发的评价指标体系，创新水资源高效利用系统；加强泉水资源保护利用；保障流域长治久安，加快完善防洪工程体系，对流域河滩进行综合治理，加强基层防汛防台体系标准化建设，保护流域自然资源；建立健全防洪防涝工程系统；系统提升灾害防治和应急能力，加强防灾减灾的预防措施，提高治水防灾指导水平；推进环境污染综合治理，统筹推动水污染治理，深入开展大气污染治理，加强土壤及固体废物治理，推进绿色低碳发展。

第二，调整产业结构。加快发展现代产业体系，强化产业发展的新优势，建立数字先锋城市，孕育优质生态产业；深化供给侧结构性改革，建立健全拉动内需体系，推动省会经济圈一体化发展，完善现代基础设施体系，全面融入区域重大战略；打造乡村振兴标杆，建设现代农业引领区，做优做强乡村产业，创新乡村振兴体制机制，提升人民生活品质；大力发展文旅产业，借助自然资源，打造旅游胜地，推动文旅产业深度融合发展，深化区域合作，打造流域旅游品牌。优化产业结构是实现流域高质量发展的必由之路。坚持把发展经济的着力点放在实体经济上，深化数字赋能，促进制造业高质量发展。推进产业基础高级化和产业链现代化，构建创新引领、优势突出、梯次发展的现代产业体系。坚持以创新驱动、高质量供给引领、创造新需求，实现"扩大内需"与"供给"的深度融合。加强现代基础设施建设，全面提高流域中心城市辐射带动能力，打造国内大循环战略节点、国内国际双循环的战略枢纽。深入实施乡村振兴战略，实现农业农村现代化，多层次全方位推进农村"产业振兴、文化振兴、生态振兴、人才振兴和组织振兴"，努力打造"产业兴旺、生态宜居、乡风文明、治理有效、生活富裕"的乡村，使农业综合生产能力稳步提升，城乡差距不断缩小，基础设施不断完善，农民收入不断提高。

第三，坚持创新驱动发展战略。建立健全综合性国家科研中心，大力提升科技创新能力，强化企业创新主体地位，持续激发人才创新活力，建设开放共享的创新试验场；打造改革开放新高地，纵深推进重点领域改革，拓展全方位开放新空间，建设高能级开放合作平台；建设新旧动能转换起步区，着力加快新旧动能转换，着力深化开放合作，着力完善体制机制；加强流域水资源技术创新建设。加强流域水资源信息系统建设，实行流域水环境的信息资源共享机制；加快绿色会计制度的完善。坚持创新驱动发展战略，打造流域对外开放门户。按照 5 年、10 年和 15 年的"三步"开发目标，建设绿色、智慧、幸福的宜居城市，努力走出一条绿色可持续的高质量发展之路。

　　本书以西江流域和黄河流域为研究对象，对流域生态保护和高质量发展进行了研究，对整个中国社会发展都有着非常大的促进作用。在合理高效利用这些资源的同时，我们应保护自然环境，实现人与自然的和谐相处，人与社会的协调、和谐、可持续发展。

参考文献

［1］埃莉诺·奥斯特罗姆．公共事物的治理之道［M］．余迅达，陈旭东，译．上海：上海三联书店，2000.

［2］埃莉诺·奥斯特罗姆，等．制度分析与发展的反思：问题与抉择［M］．王诚，等，译．北京：商务印书馆，1992.

［3］闭明雄．西江流域产业发展研究［D］．成都：四川大学，2007.

［4］波内特．环境保护的公共政策［M］．北京：生活·读书·新知三联书店，1993.

［5］薄鑫．黑河流域生态补偿机制研究［D］．兰州：兰州大学，2019.

［6］蔡彬彬．空间网络化系统与结构［J］．中南民族学院学报（自然科学版），1999（4）：73 – 78.

［7］陈格．嘉陵江流域区域经济可持续发展创新路径探析［J］．农村经济与科技，2019，30（17）：220 – 221.

［8］陈东景，马安青，徐中民．干旱区流域经济分析的初步研究［J］．人文地理，2002（5）：81 – 84.

［9］陈瑞莲．区域公共管理导论［M］．北京：中国社会科学出版社，2006.

［10］陈文捷．北部湾旅游可持续发展战略研究［M］．北京：中国社会科学出版社，2011.

［11］陈湘满，刘君德．论流域区与行政区的关系及其优化［J］．人文地理，2001（4）：67 – 70.

［12］陈湘满．美国田纳西流域开发及其对我国流域经济发展的启示

[J]．世界地理研究,2000,9(2):87－92.

[13]陈湘满．论流域开发管理中的区域利益协调[J]．经济地理,2002
(5):525－529.

[14]陈修颖．流域经济协作区:区域空间重组新模式[J]．经济经纬,
2003(6):67－70.

[15]池肖杰,韩光迎．中国的水资源[J]．地理教育,2010(10):17.

[16]邓伟根．产业生态:产业经济学研究的第四个领域[J]．产经评论,
2010(1):54－59.

[17]邓伟根．西江产业带理论溯源与构建探讨[J]．珠江论坛,2005
(10):54－60.

[18]凡勃伦．有闲阶级论[M]．北京:商务印书馆,1964.

[19]冯之浚．循环经济导论[M]．北京:人民出版社,2004.

[20]弗朗索瓦·佩鲁．新发展观[M]．北京:华夏出版社,1987.

[21]盖伊·彼德斯．官僚政治[M]．北京:中国人民大学出版社,2006.

[22]广西社会科学院课题组．西江区域发展的选择[M]．北京:社会科
学文献出版社,2012.

[23]郭凯．黑龙江流域农业生态环境与经济协调发展研究[D]．长春:
吉林大学,2017.

[24]郭汉生,等．水资源知识问答[M]．北京:中国水利出版社,1997.

[25]郭焕庭．国外流域水污染治理经验及对我们的启示[J]．环境保
护,2001(8):39－40.

[26]郭荣朝．物流业与旅游业互动研究[J]．物流技术,2004(10):
37－38.

[27]韩民春．西方经济学(微观部分)[M]．北京:北京大学出版
社,2007.

[28]郝忠明,邱力生．以培育新经济增长极带动区域协调发展[N]．人
民日报,2011－11－02.

[29]何其锐．两广西江流域开发研究[M]．广州:广东经济出版
社,1997.

[30]何炜. 桂东经济区承接珠三角产业转移的研究[J]. 玉林师范学院学报(哲学社会科学版),2010,31(6):35 − 37 + 43.

[31]胡碧玉. 流域经济论[D]. 成都:四川大学,2004.

[32]胡弗. 区域经济学导论[M]. 上海:上海远东出版社,1992.

[33]胡振鹏. 流域综合管理理论与实践:以山江湖工程为例[M]. 北京:科学出版社,2010.

[34]黄鲁成. 论东北亚区域经济发展模式[J]. 东北亚论坛,1995(2):17 − 19.

[35]黄启臣. 从西江在汉唐的经济发展看珠江文化[J]. 西江大学学报,1998(2):55 − 61.

[36]贾俊. 谁会成为第5个直辖市?[J]. 中国经济周刊,2004(8):12 − 18.

[37]姜学民,等. 均衡与效率:可持续发展的市场激励机制研究[M]. 北京:人民出版社,2007.

[38]科斯,阿尔钦,诺斯,等. 财产权利与制度变迁[M]. 上海:上海三联书店,上海人民出版社,1994.

[39]科斯,诺斯. 财产权利与制度变迁[M]. 上海:上海三联书店,上海人民出版社,1990.

[40]科斯. 企业、市场与法律[M]. 上海:格致出版社,上海人民出版社,2009.

[41]黎元生,胡熠. 论水资源管理中的行政分割及其对策[J]. 福建师范大学学报(哲学社会科学版),2004(4):54 − 57.

[42]李京文. 走向21世纪的中国经济[M]. 北京:经济管理出版社,1997.

[43]李丽. 论区域经济发展模式及其优势定位[J]. 内蒙古社会科学,2003,24(3):158 − 160.

[44]刘昌明,等. 中国21世纪水问题方略[M]. 北京:科学出版社,1998.

[45]刘君德,等. 论行政区划、行政管理体制与区域经济发展战略[J].

经济地理,1993(1):1 - 5 +42.

[46]刘有明.流域经济区产业发展模式比较研究[J].学术研究,2011 (3):83 - 88.

[47]卢祖国.流域内各地区可持续联动发展路径研究[D].广州:暨南大学,2010.

[48]罗必良.新制度经济学[M].太原:山西经济出版社,2006.

[49]罗岚心.气候变化背景下珠江流域干旱演变及其人口经济暴露度研究[D].北京:中国气象科学研究院,2017.

[50]罗伯特·B.登哈特.公共组织理论[M].扶松茂,丁力,译.北京:中国人民大学出版社,2003.

[51]罗伯特·M.索洛.经济增长因素分析[M].北京:商务印书馆,1991.

[52]罗纳德·J.奥克森.治理地方公共经济[M].万鹏飞,译.北京:北京大学出版社,2005.

[53]吕拉昌.区域开发导论[M].昆明:云南大学出版社,1992.

[54]马克思,恩格斯.马克思恩格斯选集:第4卷[M].北京:人民出版社,1995.

[55]马克思,恩格斯.马克思恩格斯全集:第42卷[M].北京:人民出版社,1979.

[56]马克思.政治经济学批判·序言[M].北京:人民出版社,1972.

[57]马兰,张曦,李雪松.论流域经济可持续发展[J].云南环境科学,2003,22(3):42 -45.

[58]马歇尔.经济学原理[M].北京:商务印书馆,1994.

[59]蒲焱平.流域尺度下土地利用变化与社会经济协调发展的影响评价研究[D].武汉:华中师范大学,2019.

[60]钱纳里,鲁宾逊,赛尔奎因.工业化和经济增长的比较研究[M].上海:上海人民出版社,1995.

[61]钱正英,张光斗.可持续发展水资源战略研究综合报告和各专题报告[M].北京:中国水利水电出版社,2001.

[62]邱力生,赵宁.我国跨区划公共经济管理机制形成探索:借鉴日本广域行政的经验[J].广州大学学报(社会科学版),2010(2):28－32.

[63]邱力生,梁海卫.经济制度创新的时空:兼析东莞社会经济发展的案例[M].武汉:武汉出版社,2003.

[64]全球水伙伴中国地区委员会.水资源统一管理[M].北京:中国水利水电出版社,2001.

[65]任武.巢湖水环境与流域经济可持续发展研究[D].合肥:安徽大学,2010.

[66]萨缪尔森,诺德豪斯.经济学[M].萧琛,译.北京:人民邮电出版社,2004.

[67]沈大军.水价理论与实践[M].北京:科学出版社,1999.

[68]施蒂格勒.产业组织和政府管制[M].上海:上海三联书店,上海人民出版社,1996.

[69]苏维词.乌江流域梯级开发的不良环境效应[J].长江流域资源与环境,2002,11(4).

[70]苏颖,等.泰晤士河与淮河水污染治理比对分析[J].水利科技与经济,2007,13(8):565－567＋569.

[71]孙鳌.外部性的类型、庇古解、科斯解和非内部化[J].华东经济管理,2006(9):154－158.

[72]唐彬.中国水环境:危机下的艰难突围[J].环境,2007(27):24－27.

[73]陶希东.中国跨界区域管理:理论与实践探索[M].上海:上海社会科学院出版社,2010.

[74]童光荣,郭笑撰.长江流域生态环境的保护与生态城市建设[J].长江流域资源与环境,2000,9(2):154－159.

[75]汪丁丁.启蒙死了,启蒙万岁:评汪晖关于"中国问题"的叙说[J].战略与管理,1999(1):16.

[76]王倩.陕西汉江流域生态环境与经济耦合发展研究[D].西安:西安理工大学,2018.

[77]王树义. 流域管理体制研究[J]. 长江流域资源与环境,2000,9(4):419-423.

[78]王炜,邱力生. 跨区划的公共经济管理理论探索[J]. 学习月刊,2010(2):14-16.

[79]王德荣,张泽,李艳丽. 水资源与农业可持续发展[M]. 北京:北京出版社,2001.

[80]翁长溥. 对《关于加快西江流域开发的建议》的意见——论西南出海通道建设的战略问题[J]. 改革与战略,1994(3):20-24.

[81]吴春华. 水利水电工程开发与河流生态修复[M]. 北京:中国水利水电出版社,2007.

[82]吴峻. 水资源危机与节水高效型农业[J]. 农业技术经济,1998(1):34-40.

[83]吴普特. 中国用水结构发展态势与节水对策分析[J]. 农业工程学报,2003(1):1-6.

[84]伍新木,李雪松. 流域开发的外部性及其内部化[J]. 长江流域资源与环境,2002,11(1):21-26.

[85]幸红. 流域水资源管理法律机制探讨:以珠江流域为视角[J]. 法学杂志,2007(3):103-105.

[86]许洁. 国外流域开发模式与江苏沿江开发战略(模式)研究[D]. 南京:东南大学,2004.

[87]薛刚凌. 行政主体的理论与实践:以公共行政改革为视角[M]. 北京:中国方正出版社,2009.

[88]亚瑟·赛斯尔·庇古. 福利经济学[M]. 何玉长,等,译. 上海:上海财经大学出版社,2009.

[89]姚慧娥,徐科雷. 新《水法》的进步与不足[J]. 华东政法学院学报,2003(3):44-48.

[90]约翰·克莱顿·托马斯. 公共决策中的公民参与[M]. 孙柏瑛,译. 北京:中国人民大学出版社,2005.

[91]张东峰,杨志强. 政府行为内部性与外部性分析的理论范式[J].

财经问题研究,2008(3).122 - 123.

[92]张思平．流域经济学[M]．武汉:湖北人民出版社,1987.

[93]章文,辛述之．广东打造第三城[J]．新闻周刊,2003(3):28 - 30.

[94]长江流域多座水电站未批先建,河床干涸污染严重[N]．科技日报,2012 - 05 - 24.

[95]中国 21 世纪议程管理中心．生态补偿原理与应用[M]．北京:社会科学文献出版社,2009.

[96]张雅文．金沙江流域"环境—经济—社会"耦合协调发展研究[D]．重庆:重庆工商大学,2018.

[97]赵雪君．长江流域湖北段工业产业优化与绿色经济效率发展研究:基于三阶段 DEA 法[J]．价值工程,2020,39(9):47 - 49.

[98]刘文俊．广西近代圩镇分布特点对发展流域经济的启示[J]．南宁职业技术学院学报,2021,29(1):70 - 74.

[99]齐天骄．城市群内功能分工对流域经济增长的影响[D]．广州:广东外语外贸大学,2020.

[100]苏桂榕．广西西江经济带产业发展研究[D]．武汉:武汉大学,2018.

[101]刘佳奇．论流域管理法律制度的实施机制[J/OL]．湖南师范大学社会科学学报,2021(2):51 - 59

[102]湖北省人民政府．鄂北地区水资源配置工程与供水管理办法[J]．湖北省人民政府公报,2021(4):8 - 11.

[103]文玉钊,李小建,刘帅宾．黄河流域高质量发展:比较优势发挥与路径重塑[J]．区域经济评论,2021(2):70 - 82.

[104]罗知,齐博成．环境规制的产业转移升级效应与银行协同发展效应:来自长江流域水污染治理的证据[J]．经济研究,2021(2).

[105]张米良．深度对接粤港澳大湾区打造外商投资高地[N]．贵阳日报,2021 - 03 - 29(007).

[106]徐春红,舒卫英．高质量发展背景下湾区旅游产业竞争力评价研究:基于环杭州湾和粤港澳两大湾区对比研究[J]．西南师范大学学报(自然

科学版),2021,46(3):57-63.

[107]王启轩,任婕. 我国流域国土空间规划制度构建的若干探讨:基于国际经验的启示[J]. 城市规划,2021,45(2):65-72.

[108]李烨,余猛. 国外流域地区开发与治理经验借鉴[J]. 中国土地,2020(4):50-52.

[109]BJORN GUSTAFSSON,LI SHI. The anatomy of rising earnings inequality in urban,China [J]. Journal of comparative economies,2001(29).

[110]CECILIA FERREYRA,ROB C. DE LOE,REID D. KREUTZWISER. Imagined communities,contested watersheds: Challenges to integrated water resources management in agricultural areas [J]. Journal of rural studies,2008,24 (7).

[111]DEREK C. JONES,CHENG LI,ANN L. OWEN. Growth and regional inequity in China during the reform era [J]. China economic review,2008 (14).

[112]KATHLEEN H BOWMER. Water resource protection in Australia: Links between land use and river health with a focus on stubble farming systems [J]. Journal of hydrology,2011,403 (6).

[113]KOSOY N,Maartinez-TUNA. Payments for environmental services in watersheds: Insights from a comparative study of three cases in central America [J]. Ecological economics,2006(61).

[114]LEWIS JONKER. Integrated water resources management: The theory-praxis-nexus,a south African perspective [J]. Physics and chemistry of the earth,2007(32).

[115]M El-FADEL,M ZEINATI,D JAMALI. Original research article [J]. Water policy,2001(3).

[116]NEWSON M D. Land,water and development: Sustainable management of river basin systems [M]. London:United Kingdom,1997.

[117]PAWLOWSKI A. How many dimensions does sustainable have [J]. Sustainable development,2008(16).

[118]QUAH D. Twin peaks: Growth and convergence in models of distribution dynamics [J]. The economic journal,1996(100).

[119] RABELLOTTI R. External economies and cooperation in industrial districts [M]. London: Macmillan Press,1997.

[120]SEGERSON K. Uncertainty and incentives for nonpoint pollution control [J]. Journal of environment economics and management,1988(15):87 –98.

[121]SIGMAN H. Decentralization and environmental quality: An international analysis of water pollution [EB/OL]. http://www. nber. org/papers/w13098,2009 – 04 – 03.

[122]SPULBER N,SABBAGHI A. Economics of water resources to privatization[M]. Boston,USA: Kluwer Academic Publishers,1998.

[123]The World Bank. World development report [M]. Oxford: Oxford University Press,2002.

[124]WARD F A,LYNCH T P. Dominant use management compatible with basin wide economic efficiency [J]. Water resources research,1997(5).

[125]WHITE G F. The river as system: A geographer's view on promising approaches[J]. Water international,1997,22(2).

重要术语索引表

后 记

在本书完成之际，对刚刚诞生的作品固然满怀喜悦之情，但是此刻涌上心头的更多却是感激。本书的写作既是一段宝贵的心路历程，也是对于我求学及工作期间研究方向的一个交代。从某种意义上来讲，本书对我来说是一次新的尝试和挑战，然而，这项挑战的顺利完成应当归功于一路上给予我支持与鼓励的师长及亲朋好友。首先，要感谢的是给予我指导的师长，正是他们，使我在区域经济学的领域中循序渐进地摸索出一条适合自己的道路。本书从构思到最终定稿，离不开各位师长的指导，正是这份信任激励着我不断前进。各位师长知识渊博，学养深厚，治学严谨，是我学习的楷模。他们精益求精的教学风格，诲人不倦的高尚师德，严以律己、宽以待人的崇高风范，朴实无华、平易近人的人格魅力对我影响深远。其次，还要感谢我的同学和同事，写作期间，一直与他们保持密切联系，探讨相关问题，他们不仅在学术上给予我启发，在生活上也给予我极大的帮助，本书的顺利完成得益于与他们的长期交流。最后，我要感谢的是家人，从本书的开始到完成，每一步都凝聚着家人给予的爱、支持和鼓励。

"流域生态保护与高质量发展"是我思考和研究了多年的主题，受时间所限，本书还存在很多不足之处，但也正如尼采所说："书一旦脱稿之后，便以独立的生命继续生存了。"本书的诸多不足还望各位专家和读者批评指正。